全国机械行业职业教育优质规划教材（高职高专）

经全国机械职业教育教学指导委员会审定

高等职业技术教育机电类专业系列教材

机械工业出版社精品教材

数控机床故障诊断及维护

第 2 版

王侃夫　陈颖　编　著

机械工业出版社

本书是高等职业技术教育机电类专业系列教材之一。本书以 FANUC 0i 数控系统为依托，详细介绍了数控机床点检、抗干扰，机械结构调整和维护、精度测量及补偿，以及数控机床 PMC、主轴及伺服驱动故障诊断的方法，对伺服性能调整方面的知识也作了介绍。

本书涵盖了数控机床故障诊断及维护的各个方面，内容丰富、层次清晰、重点突出，重视实践技能的培养。本书采用任务驱动方式，通过任务分解，将数控机床故障诊断及维护落实到具体的知识点和能力点上，并辅以大量案例介绍，从机床整体及机、电、液、气等各方面体现数控机床故障诊断及维护的思路、方法和手段。本书还配有拓展阅读，以适应不同教学层次的要求。本书附有大量思考题与习题，可作为正文内容的补充，以拓展解决实际问题的能力。

本书配有电子课件和习题答案，凡使用本书作教材的教师可登录机械工业出版社教育服务网（http://www.cmpedu.com）下载，或发送电子邮件至 cmpgaozhi@sina.com 索取。咨询电话：010-88379375。

本书既可作为高等职业教育数控技术专业、机电一体化技术专业的教材，也可作为从事数控机床工作的工程技术人员的参考用书。

图书在版编目（CIP）数据

数控机床故障诊断及维护/王侃夫，陈颖编著. —2 版. —北京：机械工业出版社，2015.2（2025.1 重印）

高等职业技术教育机电类专业系列教材　机械工业出版社精品教材

ISBN 978-7-111-48494-3

Ⅰ. ①数…　Ⅱ. ①王…　②陈…　Ⅲ. ①数控机床—故障诊断—高等职业教育—教材②数控机床—维修—高等职业教育—教材　Ⅳ. ①TG659

中国版本图书馆 CIP 数据核字（2014）第 260862 号

机械工业出版社（北京市百万庄大街 22 号　邮政编码 100037）

策划编辑：王英杰　　责任编辑：王英杰　武　晋
版式设计：霍永明　　责任校对：纪　敬
封面设计：鞠　杨　　责任印制：单爱军

北京虎彩文化传播有限公司印刷

2025 年 1 月第 2 版·第 8 次印刷

184mm×260mm·13.5 印张·323 千字

标准书号：ISBN 978-7-111-48494-3

定价：39.80 元

电话服务　　　　　　　　　网络服务
客服电话：010-88361066　　机　工　官　网：www.cmpbook.com
　　　　　010-88379833　　机　工　官　博：weibo.com/cmp1952
　　　　　010-68326294　　金　书　网：www.golden-book.com
封底无防伪标均为盗版　　机工教育服务网：www.cmpedu.com

前　言

近几年，数控技术得到了快速发展，表现为以数字化总线控制取代了模拟控制、全数字式交流伺服驱动取代了直流伺服驱动、机床伺服性能更加完善、数控系统自诊断功能更加丰富、数控机床故障诊断与维护的手段和方法有了新的变化。同时，为适应当前职业教育课程改革的发展和教学理念的改变，突出应用型人才的培养，教材内容也要与之相适应。基于数控机床故障诊断与维护技术的新发展，以及教学的要求，对本书进行了第2版编写。

本书第2版在内容和编排上较第1版做了大幅度的改变，表现为以下几个方面：第一，采用模块、项目和任务的结构形式，将数控机床故障诊断及维护落实到具体的知识点和能力点上，在内容阐述上力求直接和直观，并通过大量案例介绍，使教学更接近于工作现场；第二，在基本知识和能力基础上附加拓展阅读，以适应不同的教学层次和要求；第三，引入知识链接，为项目和任务展开做好铺垫；第四，每个模块后都有思考题与习题，题目内容大都来源于工作现场，既使教材内容得到延伸，又可提高学生故障诊断技能。

在本书的编写过程中，作者查阅了大量文献资料，深入多家企业生产车间，参与了许多故障诊断和维修过程，并收集了大量典型故障案例，经过整理和提炼，将部分成果编入相关项目和任务中，因此本书具有较高的真实性和可参考性。另外，本书中的部分内容曾作为讲义用于学校教学和企业培训，取得了良好的效果，此次经整理、补充和修改，整合在本书中。

本书由王侃夫（模块一、二、三、五、六、九及统稿）、陈颖（模块四、七和八）编著。黄晓宇担任本书主审，对书稿进行了认真、负责和全面的审阅，并提出了许多建设性意见。另外，中航工业沈阳黎明航空发动机（集团）有限责任公司宋建东也对书稿提出了许多宝贵意见。在本书的编写过程中，作者还得到了上海东海职业技术学院杨萍、上海重型机床厂有限公司陈建新、上海自动化研究所马丹、上海电气（集团）上海电机厂有限公司柴家隆等专家、工程技术人员的大力支持，以及上海市职业技能鉴定中心、上海电气李斌技师学院、上海电气上海机床成套工程有限公司、上海电气电站设备有限公司上海汽轮机厂、上海三菱电梯有限公司、陕西法斯特齿轮有限责任公司、中国南车集团资阳机车有限公司等单位的大力支持，在此一并表示衷心的感谢。

由于数控技术发展较快，作者水平有限，本书内容难免存在不妥之处，敬请读者批评指正，并热诚希望本书能对从事和学习数控机床故障诊断和维护的广大读者有所帮助，同时期待您把对本书的意见和建议通过 E-mail 告诉我们，E-mail 地址是 skwangkf@126.com。

编　者

目　　录

模块一　数控机床故障诊断及维护的认识

项目一　数控机床故障诊断及维护的目的和特点

数控机床是典型的机电一体化设备，学习和掌握数控机床故障诊断及维护技术，已越来越引起相关企业和工程技术人员的关注，数控机床故障诊断及维护已成为保证数控机床开动率的关键因素之一。

一、数控机床故障诊断及维护的目的

数控机床是机电一体化技术应用在机械加工领域中的典型产品，是将计算机、自动化、电动机及驱动、机床、传感器、气动和液压、机床电气及 PLC 等技术集于一体的自动化设备，具有高精度、高效率和高适应性的特点。要发挥数控机床的高效益，就要保证它的开动率，这就对数控机床提出了稳定性和可靠性的要求。衡量该要求的指标是平均无故障时间（MTBF），即两次故障间隔的平均时间；同时，当设备发生故障后，要求排除故障的修理时间（MTTR）越短越好。为了提高 MTBF，降低 MTTR，一方面要加强机床日常维护，延长其平均无故障时间；另一方面在出现故障后，要尽快诊断出故障的原因并加以修复。如果用人的健康来比喻，就是平时要注意保养，避免生病；生病后，要及时就医，诊断出病因，对症下药，尽快康复。数控机床的综合性和复杂性决定了数控机床的故障诊断及维护有自身的方法和特点，掌握好这些方法，可以保证数控机床稳定、可靠地运行。

二、数控机床故障诊断级维护的特点

根据数控机床故障频率的高低，整个使用寿命期可分为三个阶段，即初始使用期、相对稳定期和寿命终了期，如图 1-1 所示。

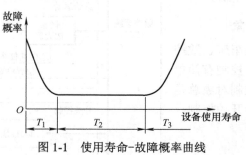

图 1-1　使用寿命-故障概率曲线

T_1—初始使用期　T_2—相对稳定期　T_3—寿命终了期

1. 初始使用期

机床安装调试后，开始运行半年至一年期间为初始使用期，故障概率较高，一般无规律可循。从机械角度看，在这段时期虽然经过了试生产磨合，但由于零部件还存在着几何形状偏差，在完全磨合前表面还较粗糙；零部件在装配中存在着几何误差，在机床使用初始期可能会引起较大的磨合磨损，使机床相对运动部件之间产生过大间隙。另外，新的混凝土地基的内应力还未平衡和稳定，使机床精度产生偏差。从电气角度看，数控系统及电气驱动装置使用大量的大规模集成电路和电子电力器件，在实际运行时，由于受交变负载、电路通断的瞬时浪涌电流及反电动势等的冲击，某些元器件经受不起初期考验，因电流或电压击穿而失效，致使整个设备出现故障。为此，在初始使用期要加强对机床的监测，定期对机床进行机电调整，以保证设备各种运行参数处于技术规范之内。

2. 相对稳定期

设备在经历了初期各种老化、磨合和调整后，开始进入相对稳定的正常运行期。相对稳定期较长，一般为7～10年。在此期间，各元器件实质性的故障较为少见，但不排除偶发性故障的产生，所以，要坚持做好设备运行记录，以备排除故障时参考。另外，要坚持每隔6个月对设备作一次机电综合检测和复校。相对稳定期内，机电故障发生的概率几乎相等，且大多数故障可以排除。

3. 寿命终了期

机床进入寿命终了期后，各元器件开始加速磨损和老化，故障概率开始逐年递增，故障性质趋于渐发性和实质性的，如因密封件的老化、轴承和液压缸的磨损、限位开关失效，以及某些电子元器件品质因素导致性能开始下降等。在这个时期内，同样要坚持做好设备运行记录，所发生的故障大多数也是可以排除的。

项目二　数控机床故障诊断及维护的对象

数控机床的核心是数控系统。数控系统本质上是一台专门用于控制数控机床的计算机，加工程序输入到数控系统中后，经数控系统处理输出控制信号控制机床的运动和动作，包括主运动、进给运动和开关控制。

一、数控系统控制对象

数控机床尽管有数控车床、数控铣床和加工中心等类型，控制有简单和复杂，但数控系统的控制对象总是包括主运动、进给运动和开关控制，如图1-2所示。

1. 主运动

主运动由主轴电动机通过传动

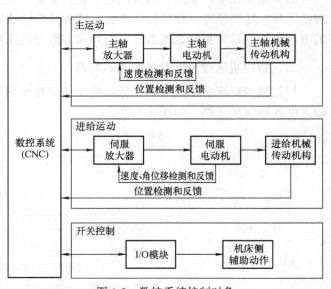

图1-2　数控系统控制对象

带、齿轮等传动机构带动主轴来实现，基本功能包括主轴正、反转，停止及主轴调速等，相应的数控指令为 M03、M04、M05 及 S。对主轴进行控制，实际上就是对主轴电动机进行控制，即主轴电动机的正、反转决定了主轴的转向；主轴电动机的转速决定了主轴的转速。当前，高性能数控机床主轴驱动采用和数控系统配套的专用交流异步电动机和变频器，除了基本功能外，还有主轴定向和定位、同步、刚性攻螺纹及主轴伺服等功能；普通数控机床主轴驱动采用普通三相交流异步电动机和通用变频器。随着数控机床高速化的发展，有些数控机床主轴采用了电主轴技术。

主运动涉及的机电技术包括主轴结构及主轴机械传动、主轴电动机及驱动、主轴速度和位置检测及控制等。

2. 进给运动

数控机床进给运动是区别于普通机床最根本的地方，即用伺服电动机带动滚珠丝杠实现进给运动，相应的基本数控指令为 G01、G02、G03、F 及 G00 等。进给运动的控制本质是加工轨迹的连续控制。进给运动是通过伺服系统来实现的，相应的进给轴称为伺服轴。伺服系统中所采取的一切措施都是为了保证进给运动的位置精度和速度稳定性，如进给传动链的调整、反向间隙及丝杠螺距误差的测量及补偿，以及伺服参数调整等。随着数控机床向高速和高精度的方向发展，有些数控机床采用了直线电动机驱动，省去了滚珠丝杠，缩短了进给传动链，提高了机械传动刚度和精度，以及伺服系统的快速响应性。

进给运动涉及的机电技术包括进给机械传动机构、伺服电动机及驱动、位置和速度检测、伺服系统及性能等。

3. 开关控制

数控系统除了主轴和进给轴控制外，还要进行各种辅助动作的控制，如润滑、冷却、数控车床刀架选刀、液压卡盘和尾座控制；对于加工中心，还要进行刀库选刀、机械手换刀、主轴刀具的松开和夹紧，以及回转工作台的松开和夹紧等控制。辅助动作由辅助功能 M 指令和 T 指令来执行，如 M08、M09 指令执行切削液开和关，M06 指令为加工中心执行换刀动作等；T 指令是专门用于刀架或刀库的选刀指令。开关控制是通过数控系统的可编程序控制器（PLC）来完成的，包括两方面内容：一是 CNC 通过 I/O 模块经 PLC 程序控制机床侧的各种动作；二是 PLC 与 CNC 之间进行信息交换，以确认 CNC 与 PLC 当前的执行状态。

开关控制涉及的技术包括输入、输出开关，PLC 及机床电气控制等。

二、故障诊断及维护对象

数控机床故障诊断及维护的对象包括机床机械结构和电气系统。因为数控机床是机电一体化设备，所以故障产生和表现是机电复合的，有时故障表现在电气方面，但故障原因往往在机械传动方面，这就要求维修人员对数控机床有较全面的认识和具备专门的诊断维修技能。例如：某加工中心在加工时，系统屏幕提示 X 轴伺服过电流报警。引起 X 轴伺服过电流报警可能的因素如下：

1. 外部因素

（1）切削状况

1）切削用量过大，如切削速度、进给速度及背吃刀量等过大。

2）工件超重，超过了 X 轴伺服驱动所能承受的负载。

（2）润滑　导轨和丝杠润滑不良，流量或供油压力不足等。

（3）散热

1）X 轴伺服电动机散热不良。

2）X 轴伺服驱动装置散热不良。

3）电气控制柜散热不良。

2．内部因素

（1）X 轴进给传动链

1）X 轴丝杠轴承阻塞，引起负载增加。

2）X 轴丝杠螺母阻塞，引起负载增加。

3）X 轴伺服电动机轴承磨损，引起负载增加。

4）X 轴导轨镶条松动，造成运动阻塞，引起负载增加。

（2）X 轴电气传动

1）X 轴伺服电动机内部热控开关或热敏电阻损坏，引起误报警。

2）X 轴伺服电动机电缆绝缘下降，引起短路。

3）X 轴伺服电动机定子绕组绝缘下降，引起短路。

4）X 轴伺服放大器控制电路发生故障或功率模块发生故障等。

针对上述各种故障因素，维修人员利用各种诊断方法和手段对故障因素进行确认和排除，最终对故障进行修复。

三、对维护和故障诊断人员的要求

1）维护和故障诊断人员应熟练掌握数控机床的操作技能，熟悉编程工作，了解数控系统的基本工作原理和结构组成，这对判断是操作不当还是编程不当造成的故障十分有必要。

2）维护和故障诊断人员必须详细熟读数控机床有关说明书，了解有关规格、操作说明、维修说明，以及系统的性能、结构布局、电缆连接、电气原理图和机床 PLC 程序（梯形图）等，实地观察机床的运行状态，使实物和资料相对应，做到心中有数。

3）维护和故障诊断人员会使用常用的仪器仪表，如万用表、钳形电流表及兆欧表等，通过测量，对故障进行定性和定量的诊断。

4）维护和故障诊断人员要提高工作能力和效率，必须借鉴他人的经验，从中获得有益的启发。在完成一次故障诊断及排除故障工作后，要对故障诊断及维修工作进行回顾和总结，分析是否有更快、更好的解决方法，一个有代表性的诊断检修捷径是从"重复故障"中总结出来的。因此，维护和故障诊断人员在经过一定的实践阶段后，对一定的故障形式就很熟悉，那么，以后不需要很多检查就能判断出故障的原因。

5）维护和故障诊断人员应做好故障诊断及维护记录，分析故障产生的原因及排除方法，归类存档，为以后的故障诊断提供技术数据。

思考题与习题

1．数控机床故障诊断及维护的目的是什么？

2．数控系统控制对象有哪些？

3．数控机床使用寿命周期内各阶段的故障特征是怎样的？

4．根据数控机床故障诊断及维护对人员的要求，你认为自己具备哪些条件？

模块二　数控机床维护及诊断的基本方法

项目一　点　　检

不同种类的数控机床虽然在结构和控制上有所区别，但在机床维护、故障诊断及故障处理等方面有共性。数控机床维护属于设备管理范畴，是企业生产过程中的重要组成部分。设备通过维护得到保养，可以在维护过程中及时发现故障隐患并加以修复，达到增加平均无故障时间，延长设备使用寿命的目的。数控机床维护常用的方法是点检。

点检就是按照一定的标准和一定的周期对设备规定的部位进行检查，以便早期发现设备的故障隐患，及时加以修理和调整，使设备保持规定的功能。点检作为一项设备管理制度必须认真执行并持之以恒，以保证数控机床的正常运行。

任务1　润滑点检

数控机床机械系统润滑点检是重要的点检工作，主要是对丝杠轴承、丝杠螺母、导轨、主轴传动及其他部件，以及润滑系统本身进行点检。图 2-1 所示为某数控车床润滑示意图，表示了该车床需润滑的部位、润滑的间隔时间、润滑材料及润滑方式等。

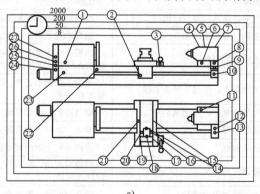

a)

润滑部位编号	①	②	③	④~㉓	㉔~㉗
润滑方式					
润滑油牌号	LA-N46	LA-N46	LA-N46	LA-N46	油脂
过滤精度/μm	65	15	5	65	—

b)

图 2-1　数控车床润滑示意图

a）润滑部位及间隔时间　b）润滑材料及方式

图 2-1a 中，编号①～㉗为该车床需润滑的部位，左上角 8、50、200 及 2000 为润滑间隔时间（h），图 2-1b 所示为每个润滑部位的润滑材料及方式。

任务 2　机械系统点检

除了润滑点检外，数控机床机械系统常规点检还包括以下内容：

（1）压力　包括气动液压系统的管路压力、润滑系统压力等。

（2）流量　包括气动液压系统的管路流量、润滑油流量等。

（3）泄漏　包括气动液压系统的管路泄漏、润滑油泄漏等。

（4）异响　包括主轴传动机构、进给传动机构及辅助机构异响等。

（5）振动　包括主轴传动机构、进给传动机构及辅助机构振动等。

（6）磨损　包括丝杠轴承及密封圈磨损、丝杠螺母磨损、导轨磨损及气缸和液压缸磨损等。

（7）松弛　包括主轴电动机与主轴之间的传动带松弛、伺服电动机与丝杠之间的联轴器或同步带松弛、主轴与主轴编码器之间的连接松动，以及各传动部件的预紧螺母松动等。

表 2-1 为加工中心维护点检表，表 2-2 为数控机床点检卡。实际工作中，应根据机床的具体状况和维护要求，制订相应的点检表和点检卡。

表 2-1　加工中心维护点检表

序　号	检查周期	检查部位	检查要求
1	每天	导轨润滑油箱	检查油标、油量，及时添加润滑油，润滑泵能定时起动打油及停止
2	每天	X 轴、Y 轴、Z 轴导轨面	清除切屑及脏物，检查润滑是否充分，导轨面有无划伤、损坏
3	每天	压缩空气气源压力	检查气动控制系统压力是否在正常范围内
4	每天	气源自动分水滤气器和自动空气干燥器	及时清理分水器中滤出的水分，保证自动空气干燥器工作正常
5	每天	气液转换器和增压器油面	发现油面不够时应及时补充油
6	每天	主轴润滑恒温油箱	检查油量是否充足并调节温度范围
7	每天	机床液压系统	油箱、液压泵无异常噪声，压力表指示正常，管路及各接头无泄漏，工作油面高度正常
8	每天	主轴箱上、下液压平衡系统	平衡压力指示正常，快速移动时泵、阀及其他液压元器件工作正常
9	每天	电气控制柜散热通风装置	电气控制柜冷却风扇工作正常，风道过滤网无堵塞
10	每天	防护装置	导轨、丝杠防护罩等无松动及泄漏等
11	每半年	滚珠丝杠	清洗丝杠上旧的润滑脂，涂上新油脂
12	每半年	液压回路	清洗溢流阀、减压阀、过滤器，清洗油箱箱底，更换过滤液压油
13	每半年	主轴润滑恒温油箱	清洗过滤器，更换润滑脂
14	每年	润滑液压泵、过滤器清洗	清理润滑油池底，更换过滤器
15	不定期	检查各轴导轨上镶条等预紧装置的松紧状态	按机床说明书调整
16	不定期	切削液箱	检查液面高度，切削液太脏时需更换并清理箱底部，经常清洗过滤器
17	不定期	排屑器	经常清理切屑，检查有无卡住等
18	不定期	清理废油池	及时取走滤油池中废油，以免外溢
19	不定期	调整主轴传动带松紧	按机床说明书调整

表 2-2 数控机床点检卡

设备编号_____型号_____ 　　　　　　　　　　　　　　　　　　　　年　　月

序号	点检内容	1	2	3	4	5	6	7	8	9	10	11	12	13	14	15	16	17	18	19	20	21	22	23	24	25	26	27	28	29	30	31
1	检查电源电压是否正常（380V±38V）																															
2	检查气源压力及过滤器情况，并及时放水																															
3	检查液压油位、切削液位是否达标																															
4	检查液压泵起动后，主液压回路油压是否正常																															
5	检查机床润滑系统工作是否正常																															
6	检查切削液回收过滤网是否有堵塞现象																															
7	轴间找正过程中，各轴向运动是否有异常																															
8	机构找正过程中，主轴定位、换刀动作、轴孔吹屑、防护门动作是否有异常																															
9	主轴孔内、刀链刀套内有无切屑																															
10	机床附件及罩壳和周围场地是否有异常和渗漏现象																															
备注																																

任务 3　电气系统点检

1. 电气控制柜散热通风

安装在电气控制柜（以下简称"电控柜"）上的轴流风扇或热交换器使电控柜内外进行空气循环，促使电控柜内的驱动装置、变压器等发热器件散热。应定期检查电控柜上的风扇或热交换器的运行状况，检查风道是否堵塞，否则会引起柜内温度过高而使系统不能可靠运行，甚至引起过热报警。

2. 元器件的除尘清洁

加工车间漂浮的灰尘、油雾及切屑粉末落在电控柜内的元器件及印制电路板上，日积月累容易造成元器件的老化，绝缘电阻下降甚至短路。因此，要定期清洁元器件及印制电路板，平时尽量少开电气控制柜门。

3. 电动机电缆及信号电缆检查

电动机电缆破损会引起绝缘下降，严重时产生短路；编码器或光栅的信号电缆破损会造成屏蔽性能下降，外部电磁干扰窜入信号传输中，引起轴运行不稳定。因此要定期检查电动机电缆的绝缘电阻，信号电缆屏蔽及接地是否良好。

4. 支持电池的定期更换

维持数控系统正常运行的各种参数和数据均保存在数控系统的存储器中，这些参数和数据在数控系统断电期间靠外部支持电池供电保持。一般情况下,即使电池尚未消耗完,也应每年更换一次,以确保系统正常工作。要注意的是,电池更换应在数控系统通电的状态下进行。

5. 备用印制电路板的定期通电

对于已经购置的备用印制电路板,应定期装到设备上通电运行。实践证明,印制电路板长期不用易发生故障。

6. 数控系统长期不用时的保养

数控系统处于长期闲置的情况下,要经常给系统通电。在机床锁住不动的情况下让系统空运行。系统通电可利用电器元件本身的发热来驱散潮气,保证元器件性能的稳定可靠。实践证明,在空气湿度较大的工作环境下,经常通电是降低故障的一个有效措施。

项目二　故障诊断方法

数控机床故障有软故障和硬故障之分。所谓软故障,就是故障并不是由硬件引起的,而是由于操作、调整处理不当引起的,这类故障在机床使用初期发生的频率较高,和操作和维护人员对设备不熟悉有关;所谓硬故障,就是由外部硬件损坏引起的故障,包括检测开关、液压系统、气动系统、电气装置及机械装置等故障,这类故障是数控机床常见的故障。机床使用过程中,应根据"先机后电,先外后里"的诊断原则,用适当的诊断方法对故障进行定位,以达到确诊和排除故障的目的。

任务 1　常用诊断方法

一、直观诊断

利用人的手、眼、耳、鼻等感觉器官,用"问、看、听、嗅、摸"的方法来查找故障原因,这种方法在故障诊断中是首选也是常用的诊断方法。

1. 问

就是询问机床故障发生的经过,弄清故障是突发的,还是渐发的。一般情况下,机床操作者熟悉机床性能,故障发生时又在现场耳闻目睹,其所提供的情况对故障的分析是很有帮助的。通常应询问下列情况:

1) 机床开动时有哪些异常现象。

2) 故障前后工件的精度和表面粗糙度如何,以便分析故障产生的原因。

3) 传动系统是否正常,出力是否均匀,背吃刀量是否减小等。

4) 润滑油牌号是否符合规定,用量是否适当。

5) 机床何时进行过保养检修等。

2. 看

1) 看转速。观察主传动速度的变化,如带传动的线速度变慢,可能是传动带过松或负载过大。

2) 看颜色。如果机床转动部位,特别是主轴和轴承运转不正常就会发热。长时间升温会使机床外表颜色发生变化,大多呈黄色。油箱里的油也会因升温过高而变稀,颜色发生变化;有时也会因久不换油、杂质过多或油变质而变成深墨色。

3）看工件。从工件来判别机床的好坏。若车削后的工件表面粗糙度值过大，主要是主轴与轴承之间的间隙过大，溜板、刀架等压板镶条有松动，以及滚珠丝杠预紧松动等原因所致。若是磨削后的工件表面粗糙度数值大，这主要是主轴或砂轮动平衡差，机床出现共振以及工作台爬行等原因所引起的。

4）看数控系统显示的报警信息、驱动装置上的报警指示灯状态或数码管显示。

3. 听

1）电器部分的异常声响有：电源变压器、电抗器等因为铁心松动而引起铁片振动的"吱吱"声；继电器、接触器因磁回路间隙过大、线圈欠电压及触点不良而引起的"嗡嗡"声。

2）机械部分的异常声响有，因传动带打滑，传动副缺少润滑油而产生的尖锐且短促的摩擦声；由于不平衡引起的有一定频率的冲击声等。

4. 嗅

由于剧烈摩擦或电器元件绝缘破损短路，附着的油脂或其他可燃物质发生氧化、蒸发或燃烧，产生油烟气、焦煳气等异味。

5. 摸

1）发热。数控机床发热最明显的部位有主轴电动机及主轴箱、伺服电动机、丝杠支承轴承等。人手指感知温度在 80℃ 以上时，瞬时就能有火烧的感觉。为了防止手指烫伤，应注意手的触摸方法，一般先用右手并拢的食指、中指和无名指指背中节部位轻轻触及机件表面，确定对皮肤无损害后，才可用手指肚或手掌触摸。

2）振动。轻微振动可用手感鉴别。若要判别振动的大小，可用一只手找一个固定基点，用另一只手同时触摸振动处可比较振动的大小。

3）伤痕和波纹。肉眼看不清的伤痕和波纹，若用手指去摸则能很容易地感觉出来。摸的方法是：对圆形零件要沿切向和轴向分别去摸；对平面则要左右、前后均匀去摸。摸时不能用力太大，轻轻把手指放在被检查面上接触即可。

4）爬行。用手摸可直观地感觉出来。造成爬行的原因很多，常见的有：润滑油不足或选择不当；活塞密封过紧或磨损造成机械摩擦阻力加大；液压系统进入空气或压力不足等。

5）松或紧。用手转动主轴或丝杠，感觉松紧是否均匀适当，从而判断这些部位是否正常。

二、系统自诊断功能

现代数控系统有丰富的自诊断功能，利用系统内部的诊断程序对机床进行监测并对故障给予报警提示。维修人员根据报警提示，借助报警或诊断手册可快速对故障进行定位并采取相应的排故措施。例如，FANUC 数控系统自诊断功能包括报警画面、诊断画面、伺服调整画面、主轴监视画面及 PMC 诊断画面等；另外，在放大器上有 LED 数码管显示报警代码。

三、手工诊断

通过维修人员的人工干预判断故障原因，常用的方法有系统数据备份和恢复、模块交换、轴屏蔽等，通常用于伺服驱动方面的故障诊断。

任务 2　诊断用工具及仪器仪表

1．测量用仪表

（1）万用表　数字式和指针式各备用，用于测量电源电压，继电器、接触器、电磁阀及电磁制动器（电磁抱闸）线圈电压，常见的测量电压有三相交流电压380V/200V、单相220V/110V、直流+24V，变频器及交流伺服驱动器直流母线电压，以及开关触点的通、断状态。

（2）钳形电流表　在不断线的情况下测量三相交流主轴电动机及交流伺服电动机的驱动电流，判断是否过电流、过载、三相电流是否缺相及平衡等。

（3）兆欧表　测量三相交流主轴电动机及交流伺服电动机绝缘，以及动力线电缆绝缘。

（4）百分表/千分表　测量轴的反向间隙，以及主轴直线度、垂直度及径向圆跳动等。

2．工具

（1）"＋"字形螺钉旋具　有大、中、小号各种规格。

（2）"－"字形螺钉旋具　有大、中、小号各种规格。

3．笔记本计算机

（1）安装有数据传输软件　传输软件除了 Windows "附件"中自带的"超级终端"外，还有 WINPCIN、CIMCO 等专用的传输软件。传输软件用于数控系统数据备份或回装。

（2）安装有 PLC 软件　PLC 软件有针对 FANUC 数控系统的 LADDER-Ⅲ PMC 软件，针对西门子数控系统的 STEP7-200/300PLC 软件。计算机安装 PLC 软件后，可以将数控系统中的 PLC 上传到计算机中，在计算机上对 PLC 程序（梯形图）进行编辑，并对 PLC 程序运行进行监控，也可以将编辑过的 PLC 程序下载到数控系统中去。

4．技术资料

数控机床生产厂家必须向用户提供与机床操作和故障诊断有关的技术资料，包括：

1）数控机床操作手册。

2）数控机床编程手册。

3）数控机床结构简图及说明。

4）数控机床电气图。

5）数控系统参数及 PLC 程序。

6）诊断及维修手册等。

维修人员必须对这些资料进行阅读，对照机床本身，将实物与图样联系起来，做到心中有数，当机床出现故障时，能够通过查阅相关技术资料对故障原因进行诊断。

拓展阅读　　　　**数控机床故障诊断新技术**

1．远程诊断

现代数控系统内置网络通信功能，通过网络可以向维修中心计算机发送有关数控系统的硬件构成和软件配置、加工程序及报警信息等数据，然后由中心计算机向数控系统发送诊断程序，并将测试数据传回到中心计算机进行分析，再将诊断结论和处理方法通知用户；还可以通过网络恢复系统由于软件不良导致的故障。图 2-2 所示为 FANUC 系统远程诊断示意图。

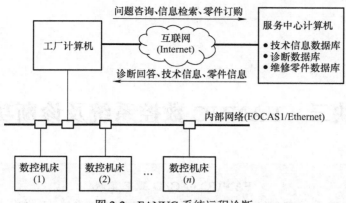

图 2-2 FANUC 系统远程诊断

2．人工智能（AI）专家故障诊断系统

专家系统就是应用专家知识和推理方法求解复杂问题的一种人工智能计算机程序。人工智能专家故障诊断系统如图 2-3 所示。

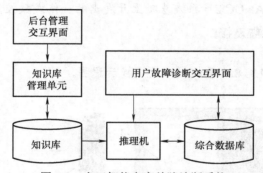

图 2-3 人工智能专家故障诊断系统

专家系统主要包括知识库和推理机两大部分。其中，知识库存放着求解问题所需的知识，推理机负责使用知识库中的知识去解决问题。知识库的构建需要知识工程师和领域专家相互合作，把领域专家的知识和经验整理出来并存放在知识库中。计算机安装人工智能专家系统后，在出现故障时，用户通过人机对话可获得专家级的故障诊断及处理方式的提示。另外，对新出现的故障，知识工程师和领域专家对该故障进行诊断和处理，并将其作为新的案例扩充到知识库中。

思考题与习题

1．点检的目的是什么？
2．数控机床机械结构常规点检的内容有哪些？
3．数控机床电气系统点检的内容有哪些？
4．数控机床常用的诊断方法有哪些？

模块三　FANUC 数控系统及诊断功能

FANUC 0i C/D 数控系统

　　早期的 FANUC 系统有 0C/0D 系统，以后有 16/18/21/0iA 系统，目前有 16i/18i/21i/0iB/0iC 系统，最新的为 30i/31i/32i/0iD 系统。FANUC16i/18i/21i 系统是具有总线控制技术的超小型数控系统，有两种结构形式：一种是分离性系统，即系统控制单元与显示器和系统操作面板是分体的；另一种是超薄型系统，即系统控制单元与显示器和系统操作面板一体化。FANUC 0iC 系统是在 FANUC 21i 系统基础上开发出的一体式数控系统。

一、FANUC 0iC 系统及接口

1. 系统组成

图 3-1 所示为 FANUC 0iC 系统接口及主板示意图。

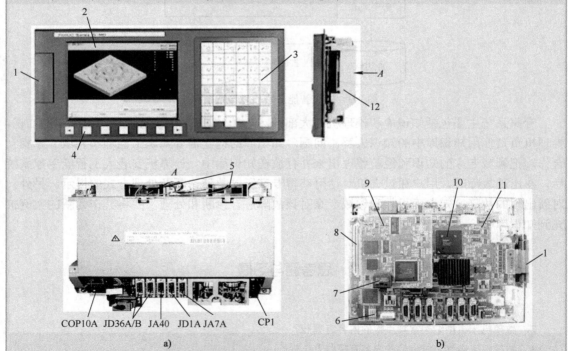

a)　　　　　　　　　　　　　b)

图 3-1　FANUC 0iC 系统接口及主板示意图

a) 系统外观　b) 系统主板（卸掉保护罩后）

1—PCMCIA 存储卡插槽　2—系统显示器　3—系统操作面板（MDI）　4—系统软键
5—系统冷却风扇　6—状态及报警指示灯（LED）　7—伺服串行总线（FSSB）接口　8—扩展槽
9—轴控制卡（下层为 FROM/SRAM 模块）　10—CPU　11—系统主板　12—保护罩

系统前面是显示器和系统操作面板，简称CRT/MDI，后面是系统主板。主板上集成有CPU、存储系统引导文件的ROM和动态存储器DRAM、显卡、电源等；主板上层为轴控制卡（简称轴卡）；主板下层为闪存FROM/静态存储器SRAM卡。对于FANUC 0iC系统，可供选择的扩展功能板有串行通信功能板、以太网板、高速串行总线功能板、数据服务器功能板。FANUC 0iC系统在基本单元基础上可选择其中两个扩展功能板；FANUC 0i Mate C系统只有基本单元，无扩展功能板。

　　2. 系统接口及定义

　　1）COP10A：FANUC伺服总线（FSSB）接口，通过光纤外接伺服驱动模块或单元。

　　2）JD36A/B：RS232通信接口，与外部计算机通信。

　　3）JA40：模拟主轴速度控制信号接口，速度模拟电压（0～+10V）给定，外接主轴驱动器，如变频器等。

　　4）JD1A：I/O Link接口，外接机床操作面板、外置I/O单元、分线盘I/O模块及I/O Link轴等。

　　5）JA7A：串行主轴总线/主轴独立编码器接口。当主轴采用串行主轴总线时，JA7A外接FANUC主轴放大器，如FANUC αi系列SPM主轴模块、βi系列SVPM伺服单元；当主轴采用JA40模拟主轴控制时，本接口为主轴编码器反馈信号接口。

　　6）CP1　外接DC24V电源输入。

　　3. 系统功能

　　1）伺服串行总线（FSSB，Fanuc Serial Servo Bus）是以光纤为传输介质的串行通信总线，数控系统通过伺服串行总线将多个伺服放大器连接起来，实现高速度的数据通信，提高了可靠性。

　　2）通过以太网实现远程在线加工和现场管理，构建加工车间与工厂技术及生产管理等部门之间进行数据交换的生产系统；用一台中央计算机集中管理多台数控机床，监控机床的运行状态、程序传输等。FANUC系统以太网有两种配置形式：一是内置以太网板，实现远程计算机在线加工；二是数据服务器功能板，实现远程存储在线加工。

　　3）主轴驱动根据实际需要有串行主轴和模拟主轴两种配置方式。

　　4）高速数据传输的FANUC I/O Link总线PMC控制功能。FANUC I/O Link总线将各类I/O设备连接到PMC的I/O总线上，包括标准机床操作面板、操作盘I/O模块、外置I/O单元、分线盘I/O模块以及I/O Link放大器等。

　　5）通过存储卡或计算机对系统数据进行备份和回装，也可以实现存储卡在线加工。

　　6）通过伺服调整卡和伺服调试软件（FANUC SERVO GUIDE）优化伺服参数，使伺服系统获得最佳运行特性。

　　FANUC系统用于故障诊断的软键功能如图3-2所示。

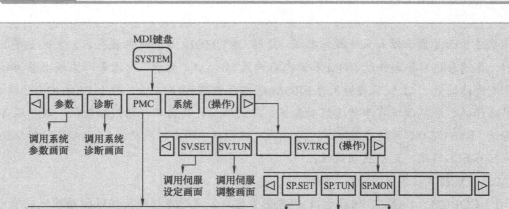

图 3-2　FANUC 系统用于故障诊断的软键功能

二、FANUC 0iD 系统

FANUC 0i TD 系统有 2 个通道，CNC 轴数为 8 轴、2 主轴，联动轴数为 4 轴；FANUC 0i MD 系统有 1 个通道，CNC 轴数为 5 轴、2 主轴，联动轴数为 4 轴；FANUC 0i MateD 系统有 1 个通道，CNC 轴数为 3 轴、1 主轴，联动轴数为 3 轴。图 3-3 所示为 FANUC 0iD 系统背面接口示意图。

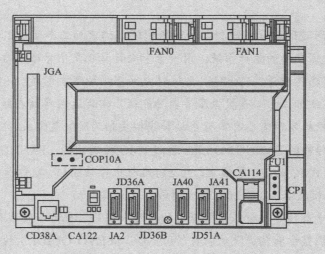

图 3-3　FANUC 0iD 系统背面接口示意图

CP1：系统电源输入（DC 24V）。

FU1: 电源输入熔断器。

CA114: 系统数据保持电池（锂电池，3V）。

JA2: 系统 MDI 键盘接口。

JD36A: RS232C 串行接口 1。

JD36B: RS232C 串行接口 2。

JA40: 模拟量主轴速度信号/高速跳转信号接口。

JD51A: I/O Link 总线信号接口。

JA41: 串行主轴接口/主轴位置编码器信号接口。

CA122: 系统软键接口。

CD38A: 内嵌式以太网接口，FANUC 0i MateD 系统没有此接口。

COP10A: 伺服串行总线（FSSB）接口。

JGA: 系统扩展板功能接口，FANUC 0i MateD 系统没有此接口。

FAN0、FAN1: 系统散热风扇。

项目一 系 统 配 置

任务 1 FANUC 0i MC 系统配置

图 3-4 所示为 FANUC 0i MC（A 功能包）系统配置示意图，图 3-5 所示为 FANUC 0i MC 系统连接。

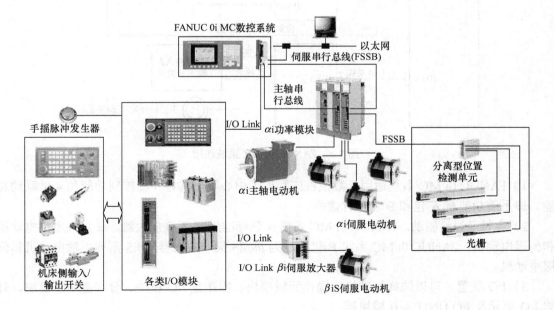

图 3-4 FANUC 0i MC（A 功能包）系统配置示意图

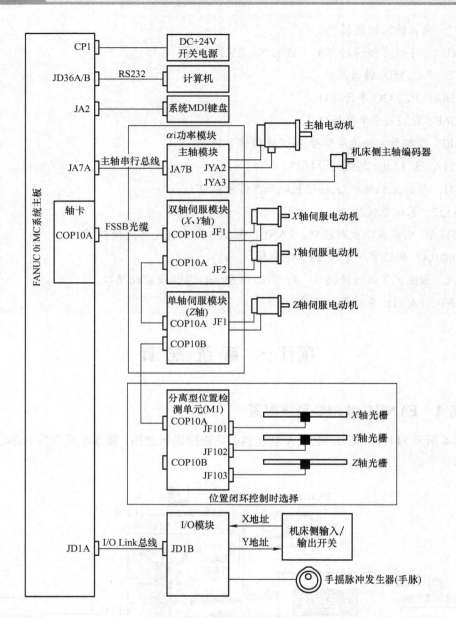

图 3-5 FANUC 0i MC 系统连接

1）FANUC 0i MC 系统适用于数控铣床和加工中心等，具备 5 轴控制功能和 4 轴联动功能。该系统功能有 A 包和 B 包两种选择。

2）主轴及进给驱动。FANUC 0i MC 系统 A 包标准为 αi 系列放大器、αi 系列主轴电动机和伺服电动机；FANUC 0i MC 系统 B 包标准为 $\beta i/\beta i S$ 伺服放大器、$\beta i S$ 系列主轴电动机和伺服电动机。

3）I/O 装置。可以选择标准机床操作面板模块、操作盘 I/O 模块、分线盘 I/O 模块、外置 I/O 单元及 I/O UNIT A/B 模块等。

4）机床操作面板。可以选择标准机床操作面板模块，也可以选择机床厂开发的、针对机床控制特点的操作面板。

5）I/O Link 轴。为系统的选择配置，常用于加工中心刀库的选刀控制。I/O Link 轴由 PMC 控制，不参与伺服轴的联动控制。I/O Link 轴需要 I/O Link βi 系列伺服单元和 βiS 系列伺服电动机。最多可选择 8 个 I/O Link 轴。

6）系统采用位置闭环伺服控制时，通过伺服串行总线（FSSB）连接分离型位置检测单元和光栅。

任务 2　FANUC 0i Mate MC 系统配置

图 3-6 为 FANUC 0i Mate MC（B 功能包）系统配置示意图，图 3-7 为 FANUC 0i Mate MC 系统连接。

1）FANUC 0i Mate MC 系统为 B 包功能，具备 3 轴控制功能和 3 轴联动功能，只有基本单元，无扩展功能。

2）主轴及进给驱动为 βiS 系列伺服放大器、βiS 系列主轴电动机和 βiS 系列伺服电动机。

3）I/O 装置可选择外置 I/O 单元，分线盘 I/O 模块、操作盘 I/O 模块以及标准操作面板模块等。

4）机床操作面板可以选择标准机床操作面板模块，也可以选择机床厂开发的、针对机床控制特点的操作面板。

5）I/O Link 轴为选择配置，只能选择 1 个。

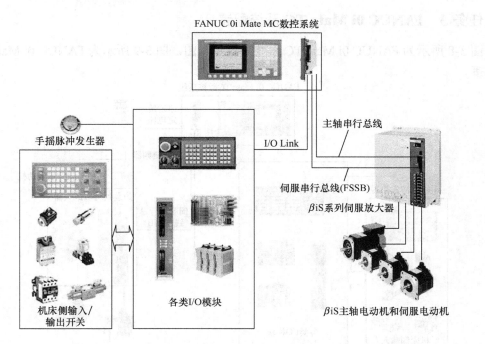

图 3-6　FANUC 0i Mate MC（B 功能包）系统配置示意图

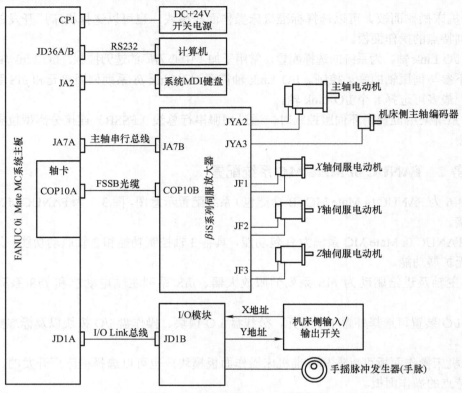

图 3-7   FANUC 0i Mate MC 系统连接

任务 3   FANUC 0i Mate TC 系统配置

图 3-8 所示为 FANUC 0i Mate TC 系统配置示意图，图 3-9 所示为 FANUC 0i Mate TC 系统连接。

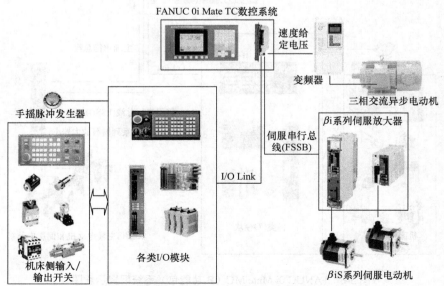

图 3-8   FANUC 0i Mate TC 系统配置示意图

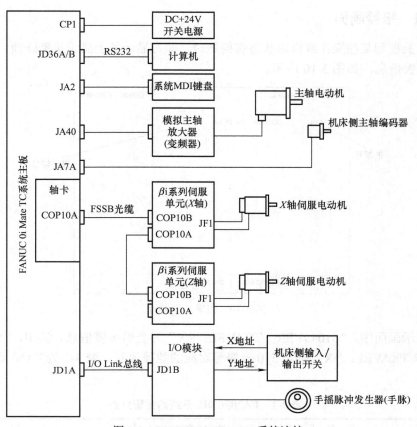

图 3-9　FANUC 0i Mate TC 系统连接

1）FANUC 0i Mate TC 系统适用于数控车床，为 B 功能包，具备 2 轴控制功能和 2 轴联动功能。该系统只有基本单元，无扩展功能。

2）主轴驱动采用变频器及三相交流异步电动机的模拟主轴，进给驱动为 βi 系列伺服放大器和 βiS 系列伺服电动机；选择配置为 βiS 伺服放大器、βiS 系列主轴电动机和伺服电动机。

3）I/O 装置可选择外置 I/O 单元、分线盘 I/O 模块、操作盘 I/O 模块以及标准机床操作面板等。

4）机床操作面板可以选择标准机床操作面板，也可以选择机床厂开发的、针对机床控制特点的操作面板。

5）I/O Link 轴为选择配置，只能选择 1 个。

项目二　系统诊断功能

FANUC 数控系统有完善的报警显示及诊断功能，包括报警显示画面、诊断画面、伺服调整画面、主轴监视画面及 PMC 诊断画面等。机床运行中产生故障时，维修人员根据显示的报警信息或调用有关诊断画面，可迅速判断故障产生的原因，进而采取相应的排除故障措施。

任务 1   报警画面

当系统监控到某些操作或机床状态有问题时，即在显示屏上显示报警画面，提示相应的报警号和报警信息，如图 3-10 所示。

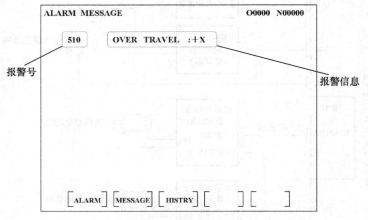

图 3-10   报警显示画面

报警显示画面中，"510 OVER   TRAVEL：+X"为当前报警信息。其中，"510"为报警号，"OVER TRAVEL：+X"是和 510 报警号对应的故障说明。表 3-1 为 FANUC 0iC 系统的报警分类。

表 3-1   FANUC 0iC 系统的报警分类

类 型	报 警 号	内 容	说 明
NC 报警	0～253 5010～5455	程序编程、操作方面	由系统定义
	300～309	绝对位置编码器	
	330～331	编码器报警	
	401～468	伺服报警 1	
	500～515	超程报警	
	600～613	伺服报警 2	
	749～786 7000～7999	主轴报警	
	900～976	系统报警	
外部开关报警	1000～2999	机床制造厂编写	由机床制造厂在梯形图中定义
PMC 宏程序报警	3001～3200	机床制造厂编写	宏程序中由系统变量#3000 赋值 1～200

熟悉报警号的范围，即使暂时不考虑报警内容，也能大致判断故障部位。维修人员可根据报警号查阅诊断手册，对故障原因做进一步的分析。

任务 2   诊断画面

诊断画面是 FANUC 数控系统很有特色的一个自诊断功能，尤其是机床出现故障又无报警显示时，借助诊断画面可检查系统的状态。单击 MDI 面板上 MESSAGE 键→单击[DGNOS] 软键，进入诊断画面，如图 3-11 所示。

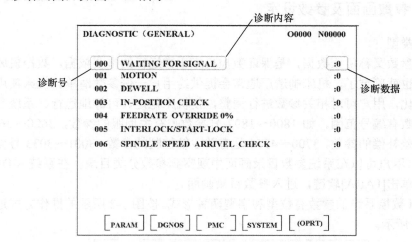

图 3-11　系统诊断画面

诊断画面中，"000 WAITING FOR SIGNAL"为诊断信息。其中，"000"为诊断号，"WAITING FOR SIGNAL"是与 000 诊断号对应的诊断内容，"0"是与 000 诊断号对应的诊断数据。诊断数据有多种表示形式：用"1"或"0"数据位表示；用"1"和"0"组成的 8 位二进制数据表示；用具体数值表示。表 3-2 为 FANUC 0i 系统部分诊断号及内容的中文说明（图 3-11 中的诊断内容为英文说明，表 3-2 中为对应的中文诊断内容）。

表 3-2　FANUC 0iC 系统部分诊断号及内容的中文说明

诊 断 号	诊 断 内 容	诊 断 号	诊 断 内 容
000	表示正在执行辅助功能 M 指令	300	显示各伺服轴位置偏差量
001	表示正在执行自动运行移动指令	301	机床机械坐标位置
002	表示正在执行暂停指令 G04	302	参考点偏移功能
003	表示正在执行到位检查	400	串行主轴的安装设定
004	切削进给倍率为 0%	401	第 1 串行主轴的报警状态
005	各轴互锁或启动锁住信号被输入	408	主轴模块的报警
006	等待主轴到达信号	410	第 1 主轴的负载表示
012	等待分度工作台分度结束信号	411	第 1 主轴的速度表示
013	手动进给速度倍率为 0%	417	第 1 主轴位置编码器的反馈信息
014	NC 处于复位状态	418	第 1 主轴位置环的位置偏差量
015	正在检索外部程序号	445	第 1 主轴的位置数据
200～201	伺服驱动及串行编码器断线报警内容	450	刚性攻螺纹时位置偏差量
202～204	串行编码器报警内容	540	简易同步控制时主动轴和从动轴的位置偏差量之差

诊断画面在数控机床故障诊断和调整中起到很大的帮助作用，尤其是 000～015 诊断号。正常情况下 000～015 诊断号的诊断数据均为 0，若 000～015 诊断号其中一个或多个诊断数据为 1，说明该诊断号对应的系统功能正在执行，机床处于停机状态。因此，当机床停机且

系统无报警的情况下，通过观察000～015诊断号诊断数据0或1可明确故障诊断的方向。

任务3　参数画面及参数设定

一、参数类型

数控系统参数又称机床数据，是保证数控机床正常运行的重要依据。数控机床调试结束后其系统参数也就确定了，机床制造厂通常会提供给用户一份参数清单。机床使用后，某些性能会发生变化，用户可对相关参数进行调整，使机床稳定、可靠地运行。系统参数按用途分类，每类参数有编号范围，如1800～1897号参数是有关伺服的参数，3620～3624号参数是有关螺距误差补偿的参数，3700～4974是有关主轴控制的参数，3001～3033号参数是有关I/O的参数等。用户可以在系统参数目录画面中观察到参数分类目录。在系统MDI键盘上单击 HELP 键→单击[PARA]软键，进入参数目录画面。

FANUC 0i数控系统的参数有位型和字型两种形式。按图3-2所示的操作方式进入参数画面，如图3-12所示。

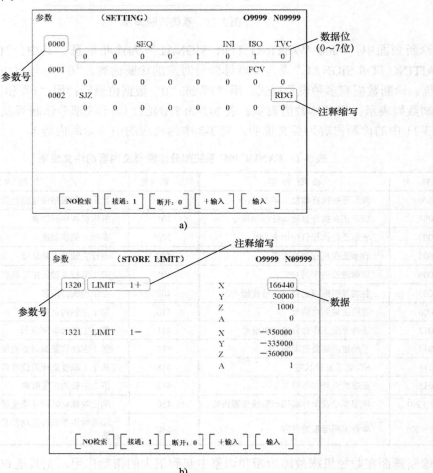

图3-12　参数画面

a）位型参数　b）字型参数

1. 位型参数

位型参数由参数号和数据位（0～7 位）组成，每一位可设置成 1 或 0，表示系统某项功能的生效与否。例如图 3-12a 中，0000 号参数第 1 位设定为 1，表示为 PRM0000#1=1。位型参数也可以用规定的注释缩写来表示，例如，PRM0000#1 可以用"ISO"来表示，PRM0002#7 用"SJZ"来表示。

2. 字型参数

字型参数为一定范围内的数值。例如图 3-12b 中，1320 号参数设定数值为 166440，表示为 PRM1320=166440。字型参数功能也有注释缩写，例如，PRM1320 可以用"LIMIT 1+"来表示。

二、参数设定

FANUC 系统参数设定或调整要有一定的权限，要经历进入设定画面、设定参数及生效等过程，其操作过程如下：

1）机床置于 EDIT 操作方式，或按下急停按钮使机床处于急停状态。

2）在系统 MDI 键盘上单击 OFFSET SETTING 键一次或多次，进入设定画面，如图 3-13 所示。

```
SETTING（HANDRY）                    O9999  N00000

参数写入            = 0（0: 不可        1: 可）
TV 校正            = 0（0: OFF         1: ON）
PUNCH CODE        = 1（0: EIA         1: ISO）
输入单位           = 0（0: MM          1: INCH）
I/O 频道           = 0（0-35: 频道 NO.）
顺序号            = 0（0: OFF         1: ON）
磁带格式           = 0（0: 无变换       1: F10/F11）
排序停止           =      0（程序号）
排序停止           =      0（顺序号）


  ［ 补正 ］  ［ SETING ］  ［ 坐标系 ］  ［    ］  ［ （操作）］
```

图 3-13 设定画面

3）将光标定位至"参数写入"上，将"参数写入"由 0 改为 1，此时，系统屏幕上产生 100 号报警，提示系统处于参数可写入状态。

4）调出参数画面，查找到要设定的参数。

5）通过系统 MDI 键盘设定参数值。有的参数设定完成后会即时生效；有的参数在重新设定后，系统会出现 000 号报警，提示需切断电源。此时，关闭系统电源，重新上电后，参数设定才生效。

6）参数设定完毕，进入设定画面，重新将"参数写入"设定为 0，使系统恢复到参数写入为"不可"状态。

例 3-1 将参数 1815 第 1 位由 1 改为 0。

操作过程如下：

1）在系统设定画面中，将"参数写入"设定为 1。

2）进入系统参数画面。

3）在 MDI 键盘上输入参数号 1815，在参数设定画面中，单击[NO 检索]软键，调出 1815 号参数。

4）将光标定位在 1815 号参数第 1 位上，单击[断开:0]软键，参数 1815 第 1 位由 1 改为 0。

5）在系统设定画面中，将"参数写入"设定为 0。

例 3-2　设定 X 轴参数 1320 数据为 99999999。

操作过程如下：

1）在系统设定画面中，将"参数写入"设定为 1。

2）进入系统参数画面。

3）在 MDI 键盘上输入参数号 1320，单击[NO 检索]软键，调出 1320 号参数，并将光标定位到 1320 号参数的 X 轴数据处。

4）在 MDI 键盘上键入 99999999，单击[输入]软键。

5）在系统设定画面中，将"参数写入"设定为 0。

任务 4　伺服调整及伺服设定画面

一、伺服调整画面

在伺服调整画面中可以检查伺服轴的参数及伺服报警，并对轴的实际运行状况进行监控。按图 3-2 所示操作进入伺服调整画面，如图 3-14 所示。

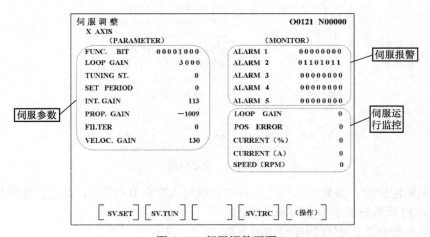

图 3-14　伺服调整画面

伺服调整画面由伺服参数和监控两部分组成。其中，伺服参数反映了伺服轴当前运行所具备的一些基本参数；伺服监控中，报警 ALARM1～5 为 8 位二进制数，反映了伺服轴的故障信息，另外，通过伺服运行监控还可以实时观察位置误差、伺服电动机速度和电流等。

伺服调整画面用于伺服系统的故障诊断，有关伺服系统故障诊断及调整的内容参见模块八和模块九。

二、伺服设定画面

在伺服设定画面中，可以观察和设定伺服电动机 ID 代码、位置测量参数，以及进行伺服电动机参数的初始化。按图 3-2 所示的操作过程进入伺服设定画面，如图 3-15 所示。

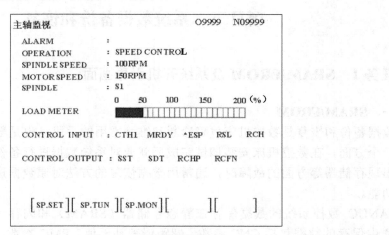

伺 服 设 定		O0121 N00000
	X AXIS	Y AXIS
INITIAL　SET BITS	00001010	00001010
MOTOR ID　NO.	277	293
AMR	00000000	00000000
CMR	2	2
FEEDGEAR　N	3	3
(N/M)　M	250	250
DIRECTION　SET	111	−111
VELOCITY　PULSE NO.	8192	8192
POSITION　PULSE NO.	12500	12500
REF. COUNTER	12000	12000

[SV.SET] [SV.TUN] [　] [　] [SV.TRC] [(操作)]

图 3-15　伺服设定画面

有关伺服位置测量参数设定以及伺服电动机参数初始化的内容参见模块九。

任务 5　主轴监视画面

在主轴监视画面中可以观察有关主轴控制方面的报警、主轴的运行方式、主轴及主轴电动机的转速、主轴负载，以及串行主轴控制时，CNC 与 PMC 之间的输入、输出信号。按图 3-2 所示操作进入主轴监视画面，如图 3-16 所示。

主轴监视		O9999　N09999
ALARM	:	
OPERATION	: SPEED CONTROL	
SPINDLE SPEED	: 100RPM	
MOTOR SPEED	: 150RPM	
SPINDLE	: S1	

LOAD METER ■■□□□□□□□□□□□□□□□

CONTROL INPUT : CTH1 MRDY ^ESP RSL RCH

CONTROL OUTPUT : SST SDT RCHP RCFN

[SP.SET] [SP.TUN] [SP.MON] [　] [　] [　]

图 3-16　主轴监视画面

有关主轴驱动及控制方面的故障诊断内容参见模块七。

任务 6　PMC 诊断画面

PMC 是数控机床故障率最高的部位，常用的 PMC 诊断画面是状态画面和 PMC 梯形图监视画面。按图 3-2 所示的操作过程分别进入 PMC 状态画面和 PMC 梯形图监视画面，如图 3-17 所示。

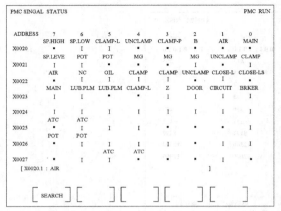
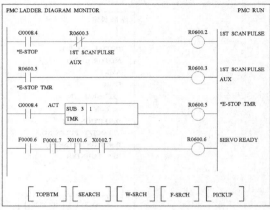

a)　　　　　　　　　　　　　　　　　　b)

图 3-17　PMC 诊断画面

a）PMC 状态画面　b）PMC 梯形图监视画面

在 PMC 状态画面中，用户可以观察外部输入、输出开关的通断状态，以及 PMC 与 CNC 之间的信号状态；在 PMC 梯形图监视画面中，通过查找触点或线圈地址在梯形图中的位置，监视梯形图的运行。PMC 诊断画面用于 PMC 故障诊断内容参见模块六。

项目三　系统数据备份和恢复

任务 1　SRAM/FROM 及系统开机引导画面

一、SRAM/FROM

数据备份和恢复是数控机床故障诊断和维修常用的手段，也是数控机床设备管理很重要的一个方面，在数控机床安装调试完成后就要对系统数据进行备份并妥善保管。当数控系统出现存储器等方面的故障时，通常用数据恢复的方法对原数据进行刷新，从而恢复机床的功能。

FANUC 数控系统的数据保存在静态存储器（SRAM）和闪存（FROM）中。其中，SRAM 中保存的数据包括 CNC 参数、螺距误差补偿值、PMC 参数、加工程序、刀具补偿值、宏程序及机械坐标设定值等；FROM 中保存的数据有 PMC 程序和系统文件等。存储卡数据备份就是将 SRAM 或 FROM 中的数据保存到储存卡中；储存卡数据恢复就是将储存卡中的数据传回给 SRAM 或 FROM 中。储存卡数据备份和恢复可以在系统开机引导画面中进行。

二、引导画面

将存储卡插入系统 PCMCIA 槽中，系统开机并同时单击最右边的两个软键，直到系统出现引导画面，如图 3-18 所示。

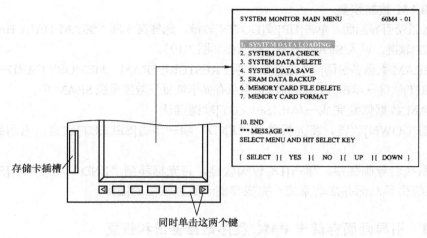

存储卡插槽

同时单击这两个键

图 3-18 系统引导画面

系统引导画面系列数据备份和恢复特别适用于系统死机状态下的数据备份或恢复，以及系统数据全部清除后的数据恢复。另外，由于存储卡系列备份的数据格式为机器码且为压缩包形式，所以，存储卡中备份的数据文件不能在计算机上打开且进行查阅和编辑。

任务 2 引导画面存储卡 SRAM 数据备份和恢复

一、SRAM 数据备份

1）在系统引导画面中，单击[UP]或[DOWN]软键，选择第 5 项"SRAM DATA BACKUP" →单击[SELECT]软键，进入 SRAM 数据备份画面，如图 3-19 所示。

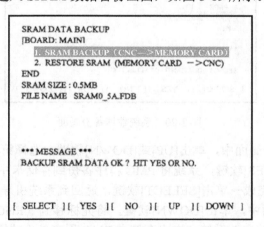

图 3-19 SRAM 数据备份画面

2）在 SRAM 数据备份画面中选择第 1 项"SRAM BACK UP（CNC→MEMORY CARD）"→单击[SELECT]软键→单击[YES]软键，系统将 SRAM 数据备份到储存卡中。

3）SRAM 数据备份完成→单击[SELECT]软键，返回到系统引导画面。

4）在系统引导画面中，单击[DOWN]软键，将光标移到"END"项→单击[SELECT]软键，退出系统引导画面并启动系统，SRAM 数据系列备份完成。

二、SRAM 数据恢复

1）进入系统引导画面，单击[UP]或[DOWN]软键，选择第5项"SRAM DATA BACKUP"→单击[SELECT]软键，进入 SRAM 数据备份画面（图3-19）。

2）在 SRAM 数据备份画面中选择第2项"RESTORE SRAM（MEMORY CARD→CNC）"→单击[SEELECT]软键→单击[YES]软键，数据从存储卡恢复到数控系统 SRAM 中。

3）SRAM 数据恢复完成→单击[SELECT]软键确认。

4）单击[DOWN]软键，将光标移到"END"项→单击[SELECT]软键，返回到系统引导画面。

5）在系统引导画面中，单击[DOWN]软键，将光标移到"END"项→单击[SELECT]软键，退出系统引导画面并启动系统，完成存储卡数据恢复的操作。

任务3　引导画面存储卡 PMC 程序数据备份和恢复

一、PMC 程序备份

1）在系统引导画面中，单击[UP]或[DOWN]软键，选择第4项"SYSTEM DATA SAVE"→单击[SELECT]软键，进入系统数据备份画面，如图3-20所示。

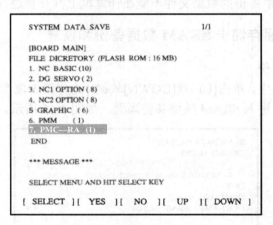

```
SYSTEM  DATA  SAVE                        1/1

[BOARD MAIN]
FILE DICRETORY (FLASH ROM : 16 MB)
1. NC BASIC (10)
2. DG SERVO (2)
3. NC1 OPTION (8)
4. NC2 OPTION (8)
5 GRAPHIC (6)
6. PMM    (1)
7. PMC—RA  (1)
 END

*** MESSAGE ***

SELECT MENU AND HIT SELECT KEY

[ SELECT ][ YES ][ NO ][ UP ][ DOWN ]
```

图3-20　系统数据备份画面

2）在系统数据备份画面中，单击[UP]或[DOWN]软键，选择第7项"PMC-RA"→单击[SELECT]软键→单击[YES]软键，系统将 PMC 程序备份到存储卡中。

3）PMC 程序备份完成→单击[SELECT]软键，返回到系统引导画面。

4）在系统引导画面中，单击[DOWN]软键，将光标移到"END"项→单击[SELECT]软键，退出系统引导画面并启动系统，完成存储卡 PMC 程序备份的操作。

二、PMC 程序恢复

1）在系统引导画面中，单击[UP]或[DOWN]软键，选择第1项"SYSTEM DATA LOADING"→单击[SELECT]软键，进入系统数据恢复画面，如图3-21所示。

2）在系统数据恢复画面中，选定对应的 PMC 文件→单击[SELECT]软键→单击[YES]软键，系统提示 PMC 程序正在恢复中。

```
SYSTEM DATA LOADING          1/1

[BOARD: MAIN]   (FREE[KB] : 3584/ 3712)
FILE DICRETORY
PMC---RA.000    262272    2012-2-14  09:30
END          文件大小        备份时间




*** MESSAGE ***
SELECT MENU AND HIT SELECT KEY

[ SELECT ][ YES ][ NO ][ UP ][ DOWN ]
```

图 3-21　系统数据恢复画面

3）PMC 程序恢复完成→单击[SELECT]软键，返回到系统引导画面。

4）在系统引导画面中，单击[DOWN]软键，将光标移到"END"项→单击[SELECT]软键，退出系统引导画面并启动系统，完成存储卡 PMC 程序恢复的操作。

任务 4　系统初始化

在 MDI 面板上，同时单击 $\boxed{\text{RESET}}$ 和 $\boxed{\text{DELETE}}$ 键，系统再上电，可以清除 SRAM 中数据。系统初始化常用于 SRAM 故障的诊断。

例 3-3　FANUC 0iC 系统上电后，显示器显示 935 号报警。

935 号报警为 SRAM 发生了 ECC 错误报警。ECC 是一种"错误检查和纠正"技术，可以对内存，如 SRAM 进行错误检查和纠正。相对奇偶校验，可以将奇偶校验无法查出来的错误位检查出来并加以纠正。当 ECC 在检查和纠正过程中发现错误，就会引发系统 935 号报警。

1．故障原因

1）系统电池没电或电压降低。

2）系统受干扰，造成 SRAM 内部数据遭到破坏。

3）FROM/SRAM 模块或主板故障。

2．故障诊断及处理

1）系统电池电压如果低于 2.6V（标准 3V）就会产生电池报警，要及时更换新电池。但要注意，更换电池需在系统通电的情况下进行。

2）系统 SRAM 初始化，若故障消失，则 SRAM 数据不良，把事前备份的数据进行恢复。

3）在执行了上述 2 个步骤后还不能解决问题，需更换 FROM/SRAM 模块。

4）在执行了上述 3 个步骤后还不能解决问题，需更换 CPU 板或系统主板。

拓展阅读　　　　　**系 统 报 警**

FANUC 0i 系统主板组成及报警部位如图 3-22 所示。

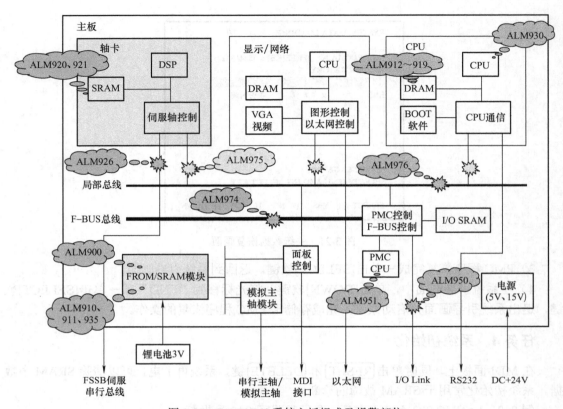

图 3-22   FANUC 0i 系统主板组成及报警部位

FANUC 0iC 系统 900 号以上报警为系统报警。

1．900 号报警

900 号报警为系统 ROM 奇偶校验报警。FROM/SRAM 模块的闪存卡里存储有系统软件（包括 CNC 系统软件、伺服软件、PMC 管理软件）及用户软件（PMC 程序和宏管理文件等）。系统开机时，这些软件先登录到系统动态存储器 DRAM 中，当登录不良或有相应硬件故障时，系统产生 900 号报警。

（1）故障原因

1）软件故障可能是系统软件或 PMC 程序损坏。

2）硬件故障可能是 FROM/SRAM 模块、轴卡或系统主板故障。

（2）故障诊断及处理

1）用备份的存储卡对系统进行数据恢复，如果故障解除，则故障为系统软件不良。

2）更换 FROM/SRAM 模块并进行系统数据恢复，如果故障解除，则故障为 FROM/SRAM 模块故障。

3）若经过上述 2 项操作后故障还存在，需更换系统主板。

2．912～919 号报警

912～919 号报警是系统动态存储器 DRAM 奇偶校验错误报警。系统开机时，CNC 的系统软件从 FROM/SRAM 登录到 DRAM 的过程中，出现了数据奇偶校验错误，系统就会出现该报警。

（1）故障原因

1）系统外部干扰引起 CPU 出错。

2）系统软件不良。

3）系统主 CPU 及 DRAM 不良。

（2）故障诊断及处理

1）系统断电再上电后若运行正常，则故障可能是外部干扰引起的；如果故障频繁出现，必须对系统的屏蔽线及接地进行检查。

2）用备份的存储卡对系统进行数据恢复，如果故障解除，则故障为系统软件不良。

3）更换系统 CPU 卡（2006 年 6 月以前的系统主板上有 CPU 卡），如果系统恢复正常，则故障为 DRAM 不良。

4）若经过上述 3 项操作后故障还存在，需更换系统主板。

3．920 号报警

920 号报警是系统伺服报警。系统轴卡上的监控电路监视主 CPU 的运行，当 CPU 或外围电路出现故障、监控时钟没有复位及轴卡 RAM 奇偶校验错误时，系统产生 920 号报警。

（1）故障原因

1）系统外部干扰引起 CPU 出错。

2）系统伺服软件不良或伺服轴卡故障。

3）系统主 CPU 或外围电路故障。

4）系统主板不良。

（2）故障诊断及处理

1）系统断电再重新上电后若运行正常，则故障可能是外部干扰引起的；如果故障频繁出现，必须对系统的屏蔽线及接地进行检查。

2）用备份的存储卡对系统进行数据恢复，并进行伺服参数初始化操作，如果系统恢复正常，则故障为伺服软件不良。

3）检查伺服串行总线（光缆）是否接触不良。

4）更换系统伺服轴卡，并进行伺服参数初始化，如果系统恢复正常，则故障为伺服轴卡或伺服软件故障。

5）更换系统 CPU 卡（2006 年 6 月以前的系统主板上有 CPU 卡），如果系统恢复正常，则故障为 DRAM 不良。

6）若经过上述 5 项操作后故障还存在，需更换系统主板。

4．926 号报警

926 号报警是系统伺服串行总线 FSSB 报警。CNC 与伺服放大器及放大器之间通过 FSSB 进行数据传递，在数据传递过程中若出现错误或中断，系统发出 926 号报警。

（1）故障原因

1）光缆连接不良或折断。

2）伺服放大器故障。

3）伺服轴卡故障。

4）系统主板不良。

（2）故障诊断及处理　αi 系列伺服模块上有 LED 显示窗口，系统产生 926 号报警时，LED 会显示"L"或"－"及"U"。

1）检查从 LED 显示"L"或"－"的伺服模块到 LED 显示"U"的伺服模块之间的连接光缆是否良好。

2）如果所有伺服模块 LED 显示"－"或"U"，则检查 CNC 与第一个伺服模块之间连接的光缆是否良好。

3）若怀疑第一个伺服模块有问题，可用后面的伺服模块交换来判别。

4）若经过上述 3 项操作后故障仍然存在，需更换伺服轴卡。

5. 950 号报警

950 号报警是系统 PMC 报警。系统 PMC 控制采用 I/O Link 总线与外部的 I/O 模块进行通信，当传输的数据错误或 PMC 硬件故障时，系统发出 950 号报警。

（1）故障原因

1）I/O Link 总线电缆受到外部干扰。

2）I/O 设备故障。

3）I/O 硬件连接错误。

4）PMC 控制故障。

（2）故障诊断及处理

1）系统断电再重新上电，若故障消失，则故障是由外界干扰引起的。

2）检查 I/O Link 连接的电缆是否良好。

3）检查 I/O Link 连接的设备是否正常，包括 I/O 设备的外部电源是否正常。

4）更换系统 CPU 卡（2006 年 6 月以前的系统主板上有 CPU 卡）。

5）更换系统主板。

6. 951 号报警

951 号报警是系统 PMC 监控报警。系统主 CPU 通过监控电路监视 PMC 的运行，当系统检测到 PMC 运行出现错误时，系统发出 951 号报警。

（1）故障原因

1）PMC 故障。

2）系统 PMC 监控电路不良。

3）系统主 CPU 不良。

（2）故障诊断及处理

1）系统断电，将 CNC 与外部 I/O 设备脱开；系统上电，如果故障消失，则故障在外部 I/O 设备。

2）按上述第一步操作后故障仍然存在，则故障在系统内部，需更换系统 CPU 卡（2006 年 6 月以前的系统主板上有 CPU 卡）。

3）若更换 CPU 卡后故障仍存在，则需要更换系统主板。

7. 700 号报警

700 号报警是系统 CNC 单元过热报警。系统主板上有温度传感器和温度检测电路，当监控电路检测到 CNC 温度超过最大极限值（55℃）时，系统发出 700 号报警。

故障处理步骤如下：

1）检查系统风扇和散热风道是否良好。

2）系统温度监控电路不良，更换系统主板。

8. 701 号报警

701 号报警是系统风扇报警。CNC 安装了两个带信号检测的风扇，风扇电源为 DC24V，当检测到风扇不转时，系统发出 701 号报警。

故障诊断步骤如下：

1）系统风扇损坏，更换系统风扇。

2）风扇接线不良，清理并重新安装风扇。

3）风扇监控电路不良，更换系统主板。

系统其他报警还有 930 号报警（CPU 异常中断报警）、974 号报警（系统 F-BUS 总线错误报警）、975 号报警（系统总线错误报警）、976 号报警（系统局部总线错误报警）等，产生这些报警后，通常需更换伺服轴卡、FROM/SRAM 模块，甚至系统主板。

思考题与习题

1. FANUC 0i 系统主轴控制、进给控制和 I/O 控制是如何实现的？

2. FANUC 0i 系统有哪些自诊断画面？

3. 配置有 FANUC 0iC 系统的某一数控机床，运行过程中系统出现 X 轴 500 号超程报警，检查发现是 X 轴正向软限位超程报警。按维修手册说明，可以将 1320 号参数数值设定为 99999999，以解除报警。说明该参数的设定过程。

4. 系统初始化的目的是什么？

5. FANUC 0iC 系统引导画面存储卡数据备份和恢复包括哪两方面的内容？

模块四 数控机床电源及抗干扰技术

项目一 电 源 系 统

任务 1 电源组成

数控机床电气控制元器件的电源有直流电和交流电之分，且有不同的电压等级，需要通过各种转换获得。图 4-1 所示为加工中心外观及电气控制柜。

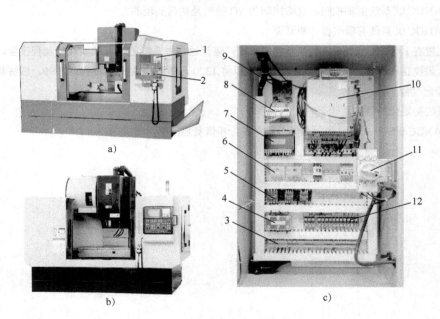

图 4-1 加工中心外观及电气控制柜

a）立式加工中心（斗笠式刀库） b）立式加工中心（回转式刀库） c）电气控制柜

1—数控系统（FANUC 0i MateD）操作面板 2—机床操作面板 3—接线端子排 4—电抗器
5—接触器 6—断路器 7—变压器 8—开关电源（DC+24V） 9—I/O 模块
10—主轴及伺服放大器（FANUC βiS 系列） 11—总电源开关 12—继电器

数控机床电气控制柜中的元器件通常包括三部分：一是电源部分，包括变压器、开关电源及断路器、熔断器等保护器件；二是主轴和伺服放大器，为主轴电动机和伺服电动机提供驱动电源；三是 I/O 模块、端子板及继电器和接触器，对机床侧润滑电动机、冷却泵电动机，以及气液压系统进行控制。图 4-2 所示为数控机床的电源组成。

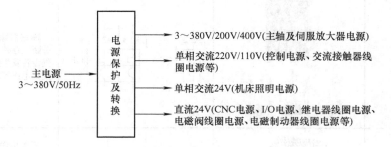

图 4-2　数控机床的电源组成

FANUC 系统主轴放大器和伺服放大器电源通常为三相交流 200V，因此要通过变压器将三相交流 380V 变换为三相交流 200V。对于控制电源、交流接触器线圈电源、机床照明电源等，机床控制变压器将三相交流 380V 变换为单相交流 220V、110V 或 24V 等。直流 24V 电压的获得有两个途径：一是通过二极管全波整流，通常用于电磁阀或电磁制动器（电磁抱闸）线圈供电；二是由开关电源获得，用于数控系统、I/O 模块及继电器线圈供电。为防止电源电路的过电流、过载、欠电压及短路，在电源电路中必须设置保护器件，如断路器及熔断器等。表 4-1 为数控机床电源器件的外观、符号及用途。

表 4-1　数控机床电源器件的外观、符号及用途

名　称	外　观	符　号	用　途
变压器		TC	变压器有铁心和绕组圈组成，接电源的绕组称一次绕组，接负载的绕组称二次绕组。数控机床变压器用于将三相380V 变换为三相 200V/400V，作为驱动装置的电源
机床控制变压器		TC	一次绕组为 380V 输入，二次绕组有中间抽头，输出单相交流 24V、110V 及 220V 等，分别用于照明、接触器线圈等控制电源
熔断器		FU	利用金属导体作为熔体串联在电路中，当过载或短路电流通过熔体时，因其自身发热而熔断，从而分断电路，实现安全保护

（续）

名　称	外　观	符　号	用　途
断路器		QF	断路器除了能完成接通和分断电路外，还能对电路或电气设备发生的短路、严重过载及欠电压等进行保护
开关电源		GS　AC 220V　+24V	开关电源是一种电子开关式的整流装置，输出稳定的直流24V电压，作为CNC、I/O及继电器等线圈的电源
二极管整流		VC	二极管全波整流输出直流24V电压，作为电磁阀或电磁制动器等线圈的电源

任务2　电源配置

数控机床电气线路通常包括电源线路、放大器连接线路和I/O线路等，图4-3所示为某立式加工中心电源部分的电气线路图。

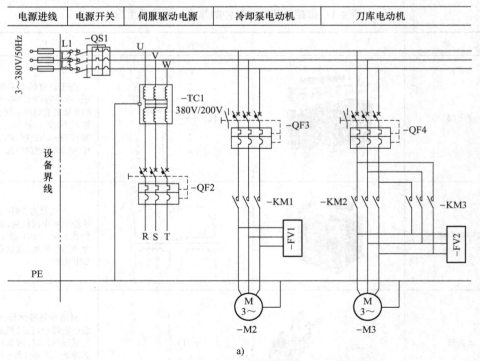

图4-3　立式加工中心电源部分的电气线路图

a）线路图1

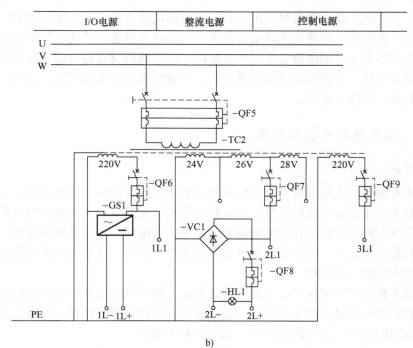

图 4-3 立式加工中心电源部分的电气线路图（续）

b）线路图 2

机床主电源由断路器 QS1 进行通断及安全保护，因为机床配置的是 FANUC 主轴和伺服放大器，所以用变压器 TC1 将三相 380V 交流电变换成三相 200V 交流电，作为放大器的电源，并由断路器 QF2 进行安全保护。辅助电动机有冷却泵电动机及刀库电动机，均为三相 380V 交流异步电动机，分别由断路器 QF3、QF4 进行安全保护。控制变压器 TC2 将单相线电压 380V 变换成：①单相交流电压 220V，用于交流接触器线圈电源；②变换成单相交流电压 28V，经二极管全波整流 VC1 获得直流电压 24V，用于 Z 轴伺服电动机电磁制动器线圈电源；③变换成单相交流电压 24V，用于机床照明；④变换成单相交流电压 220V，经开关电源 GS1 得到直流 24V 电源，分别用于 CNC 和 I/O 电源。控制变压器一次侧和二次侧分别由断路器 QF5～QF9 进行安全保护。

当机床出现电源故障时，首先要查看熔断器、断路器等保护器件是否熔断或跳闸，找出故障原因，如短路、过载等。每隔一段时间，应清除断路器上的灰尘，以保证良好的绝缘；定期测量进线电源电流值，防止电源开关触点不良引起的三相电流不平衡；定期检查电流整定值和延时设定，以保证动作安全可靠；更换熔断器时要注意熔断器的电流等级，以免线路的误动作或过电流。一个电源同时供多个负载使用时，如果其中一个负载发生短路，就可能引起其他负载的失电故障，这种情况在直流 24V 电源中较为突出。

项目二 数控机床抗干扰技术

数控机床电气设备中既包括变频器、伺服放大器等强电设备，也包括数控系统、传感器等弱电设备。一方面，强电设备产生的电磁干扰对弱电设备的正常工作构成很大的威胁；另一方面，机床所在的生产现场电磁环境较恶劣，各种动力设备的干扰、供电系统的干扰及空间电磁场的干扰等都会对弱电设备产生严重影响。由于强电设备是由弱电设备来控制的，一旦弱电设备受到干扰，将影响系统的正常运行，严重时将导致系统死机。应对干扰的主要手段是屏蔽、隔离、滤波和接地。

任务1　供电线路干扰及对策

一、干扰源

数控机床对输入的主电源有一定的电压范围要求，波动范围一般为±10%，过电压或欠电压都会引起有关设备的电压监控报警，严重时会停机。生产现场大电感负载可对供电线路产生干扰，大电感在断电时要把存储的能量释放出来，在电网中形成高峰尖脉冲，容易通过供电线路窜入到数控系统中，引起系统数据混乱或丢失。另外，雷电产生的强烈电磁波也会通过供电线路窜入到数控系统中。

工业现场各种线路上的电压、电流的变化必定反映在其对应的电场和磁场变化上，通过电磁耦合影响到控制线路上的正常信号，使设备产生误动作甚至停机。通常工业现场的高压设备产生电场辐射干扰，大电流设备产生磁场辐射干扰。

二、电源抗干扰措施

数控机床的安置要远离中频、高频的电气设备；为避免大功率起停频繁的设备和电火花设备同数控机床位于同一供电线路上，数控机床要采用独立的动力线供电。在电网电压变化较大的地区，供电电网与数控机床之间应加装自动调压器或电子稳压器，以减少电网电压波动对设备的影响；在机床电源进线端通过加装隔离变压器，对瞬变脉冲电压和雷击浪涌起到抑制作用。另外，可在变频器或交流伺服放大器进线端加装电抗器、进线滤波器或浪涌吸收器，如图4-4所示。

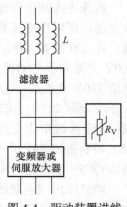

图4-4　驱动装置进线
干扰抑制

输入电抗器用于抑制电网浪涌电压、电流对驱动装置的冲击，最大限度地衰减变频器或交流伺服放大器进线畸波电流对电网的影响，提高功率因数；电源滤波器可以阻止电网中的噪声（差模干扰和共模干扰）进入设备；浪涌吸收器又称压敏电阻，是一种非线性过电压保护器件，抑制过电压能力强，反应速度快，可对电路中瞬变、尖峰电压起一定的抑制作用，平时漏电流很小，而放电能力异常大，可通过数千安电流，且能重复使用。

任务2　电磁干扰及对策

动力线与信号线要尽量分离，尤其是模拟信号特别容易受外部干扰的影响。信号线要采用屏蔽双绞线或屏蔽电缆，以减少和防止电磁场耦合的干扰。图4-5所示为变频器电源线与控制信号电缆布置示意图。

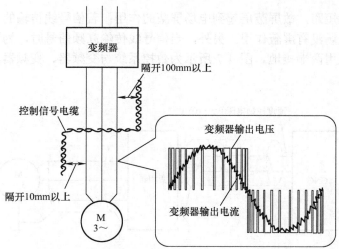

图 4-5 变频器电源线与控制信号电缆布置示意图

因为变频器及交流伺服放大器输出电源为高频方波电压，电流中含有高次谐波，易造成电磁辐射，对信号电缆产生干扰。因此，信号电缆要距离动力线至少 100mm 以上，两者不可放在同一个线槽内。另外，控制信号电缆与动力线相交时要成直角相交，以减少电磁场耦合。信号电缆应采用双绞线或屏蔽电缆，其中屏蔽电缆包括普通屏蔽线、屏蔽双绞线和同轴电缆等。图 4-6 所示为双绞线屏蔽磁场和屏蔽电缆屏蔽电场示意图。

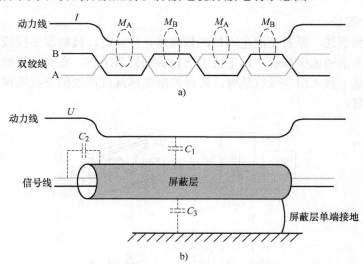

图 4-6 双绞线屏蔽磁场和屏蔽电缆屏蔽电场示意图

a）双绞线屏蔽磁场 b）电缆屏蔽层单端接地的屏蔽电场

图 4-6a 中，由于动力线与双绞线之间存在互感（图中 A、B 两线与动力线的互感为 M_A 和 M_B），动力线电流产生的磁场在双绞线上产生的感应电势大小相等、相位相同，可互相抵消，故双绞线可抑制磁场干扰。图 4-6b 中，屏蔽层由细铜线编织成网状结构，动力线与屏蔽层、屏蔽层与信号线以及屏蔽层与地之间分别存在分布电容 C_1、C_2 和 C_3，动力线电压产生的电场通过 C_1、C_2 耦合到信号线上，产生电场干扰。若将屏蔽层单端接地，则电场耦合到

屏蔽层时直接对地短路，故屏蔽层起到电场屏蔽的作用；若信号线传输的是低频信号，则屏蔽层单端接地对磁场没有屏蔽作用。另外，当信号线传输高频信号时，为避免高频信号向外辐射，屏蔽层应采用两端接地。图4-7所示为数控系统与变频器、变频器与电动机连接时，屏蔽层的接地方式。

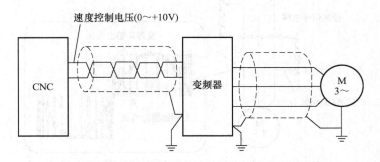

图4-7　数控系统、变频器、电动机连接中的屏蔽层接地方式

数控系统与变频器的速度给定电压信号连接采用屏蔽双绞线，屏蔽层单端接地，以屏蔽外部电磁场的干扰，保证给定电压的稳定；变频器与电动机连接采用普通屏蔽电缆，双端接地，以屏蔽动力线中电流高次谐波向外辐射磁场，产生电磁干扰。

任务3　电磁线圈噪声抑制

1. 阻容吸收保护

交流接触器频繁通、断及交流电动机频繁起动、停止时，接触器线圈或电动机定子绕组的电磁感应会产生浪涌或尖峰噪声，干扰电气设备的正常工作。在交流接触器线圈两端及交流电动机定子绕组上接入阻容吸收装置，可以抑制电感线圈产生的干扰噪声。图4-8所示为部分阻容吸收装置。

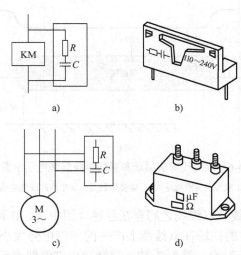

图4-8　电感线圈噪声抑制及阻容吸收装置

a）交流接触器线圈阻容吸收　b）接触器线圈抑制模块　c）交流电动机定子绕组阻容吸收
d）交流电动机定子绕组阻容吸收模块

有些交流接触器配备有标准阻容吸收模块,可以直接插入接触器规定的部位,安装方便;另外还有标准的三相交流电动机定子绕组阻容吸收模块。

2.续流二极管保护

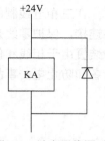

直流 24V 继电器线圈、电磁阀线圈、电磁抱闸线圈在断电时会产生较大的感应电动势,从而产生电磁噪声。在线圈两端反并联一个续流二极管,可以释放线圈断电时产生的感应电动势,如图 4-9 所示。

有些直流+24V 继电器已将线圈和续流二极管做成一体,给安装使用带来了方便。

任务 4　接地保护

图 4-9　继电器线圈反并联续流二极管

电气设备(变压器、变频器、伺服放大器、开关电源等)外壳上有⏚符号的端子作为保护接地端子,数控机床电气控制柜内安装有接地板,接地板接入大地,接地电阻应小于 4Ω,各电气设备的保护接地端子用黄绿双色线连接到接地板上,如图 4-10 所示。

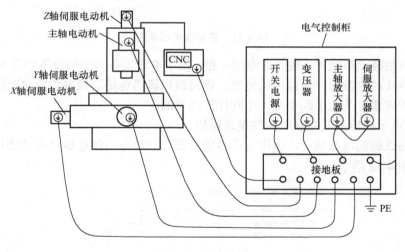

图 4-10　保护接地

要注意的是,保护接地不要构成回路,以免引起共地线阻抗干扰。另外,直流电源需要有一极接地,作为参考零电位,另一极与之比较形成直流电压,如+24V 等;信号传输也需要一根线接地,作为基准电位,传输信号的大小与该基准电位相比较,这类地线称为工作地线。通常,电气控制柜中多个电气设备的保护地线、工作地线和屏蔽地线都接至接地板,然后接大地,这样可使柜体、设备外壳、屏蔽和工作地线都保持在同一电位上。

拓展阅读1　　　**电气安全技术保障措施**

电气安全技术保障是指在电气设备的电气绝缘损坏之后所采取的安全保障措施,接零保护和接地保护是两种最常用的保护措施。接零保护在电源中性点接地的三相五线制的配电系统中使用；接地保护则应用于电源中性点不接地的三相配电系统中。

1. 中性点接地的三相五线制系统中的接零保护

在三相五线制的配电系统中，将电气设备的外壳及所有可触及部分与电源的保护零线可靠连接，保护零线是一根黄绿双色线。当电气设备因绝缘损坏而发生碰壳事故时，电源的保护装置由于相线和保护零线之间发生短路而迅速切断电源，停止故障设备的运行，达到保护设备和防止电击事故的双重目的。图 4-11 所示为接零保护示意图。

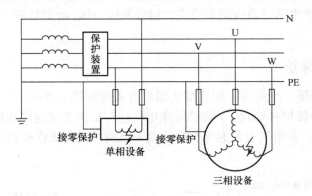

图 4-11　接零保护示意图

当设备发生碰壳事故时，碰壳的电源一相（图中单相设备和三相设备均为 W 相）经设备外壳和保护零线对电源的中性点形成短路，该短路电流迅速熔断设备侧的熔断器，或者触发电源侧的保护装置，从而切断电源，达到保护的目的。

2. 中性点不接地的三相系统中的接地保护

在三相四线制配电系统中，将用电设备的外壳与一个专门的接地体可靠连接，即形成接地保护，如图 4-12 所示。

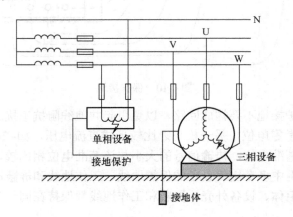

图 4-12　接地保护

由于电源的中性点不接地，当设备发生碰壳事故时，故障点入地电流很小，不足以使保护设备跳闸，熔断器也不会被熔断，设备仍照常运行；另外，由于保护接地电阻很小（4Ω 左右），设备外壳和其他可触及部分被钳制在地电位附近，在这种情况下触及外壳等部位，不会发生严重的电击事故。

差模干扰和共模干扰

1. 差模干扰

差模干扰是在同一条线路中干扰源叠加在有用信号上。差模干扰直接作用在设备两端，其电流与有用信号电流一起从设备端流进、流出，如图4-13所示。

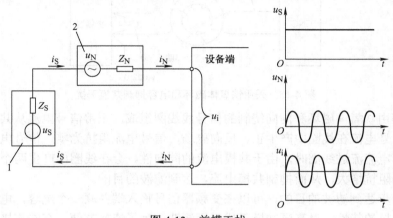

图4-13 差模干扰

1—有用信号源 2—干扰源

i_S—有用信号电流 i_N—差模干扰电流

在电源线路中，差模干扰表现为尖峰电压、电压跌落等；在控制电路中，差模干扰表现为电磁干扰。

2. 共模干扰

共模干扰就是共同对地的干扰，干扰源分别作用在两条线路上，干扰电流同时流进设备端，如图4-14所示。

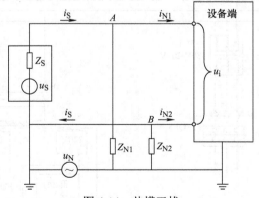

图4-14 共模干扰

i_S—有用信号电流 i_{N1}、i_{N2}—共模干扰电流

共模干扰产生的原因有：辐射干扰（如雷电、高压大电流设备）在信号线上感应出共模干扰；地电位不同引入共模干扰等。当共模干扰阻抗 Z_{N1} 和 Z_{N2} 不相等时，共模干扰电压 U_{AB} 不等于零，则共模干扰转化为差模干扰。

3. 干扰抑制

对差模干扰和共模干扰，通常采用电感滤波和电容滤波的手段进行抑制，其中以共模电感滤波和共模电容滤波应用较为普遍。例如，数控系统与变频器用普通信号线连接时，可使用铁氧体磁环和电容对共模干扰进行抑制，如图 4-15 所示。

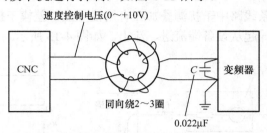

图 4-15　采用铁氧体磁环和电容抑制共模干扰

共模电感由铁氧体磁环和同向绕制的信号线线圈组成。正常信号电流从共模电感线圈流进和流出，信号电流在线圈中产生正、反向磁场，信号电流阻抗为零，信号电流可无衰减通过；当有共模电流流过线圈时，由于共模电流的同向性，会在线圈中产生两个方向相同的磁场，共模电流阻抗增大，从而抑制共模电流，达到滤波的目的。

为了进一步达到滤波的目的，可以在变频器信号输入端并联一个电容，电容接地。利用电容高频低阻抗的特性，对高频共模干扰进行滤波。为了连接方便，有些连接器直接带有滤波器，这种连接器的插座上每个引脚带有铁氧体磁珠和穿心电容组成的滤波器。

思考题与习题

1. 某数控机床电源配置（部分）如题图 4-1 所示。试问：

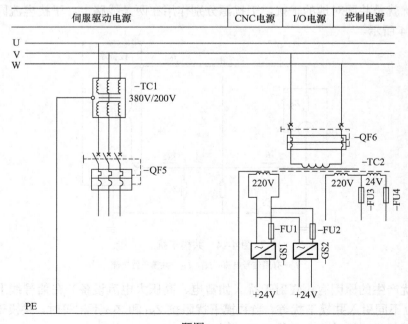

题图　4-1

1）变压器 TC1 和 TC2 的作用是什么？

2）各支路的电源保护是怎样实现的？

3）I/O 和 CNC 直流+24V 电源是怎样获得的？

4）I/O 和 CNC 直流+24V 电源为什么要分开？

5）单相 220V 控制电源有何用途？

2．数控机床的干扰有哪些？抑制干扰采用什么手段？

3．图 4-3 中，冷却泵电动机和刀库电动机电力线处 FV1 和 FV2 是什么元器件？起什么作用？

4．图 4-7 中，若数控系统与变频器的速度给定电压信号连接采用一般电缆，会产生什么不良影响？

5．维修人员在维修某数控铣床电气控制柜中的有关设备时，无意间将接地线接成题图 4-2 所示的形式，请指出其中保护接地不正确之处并改正。

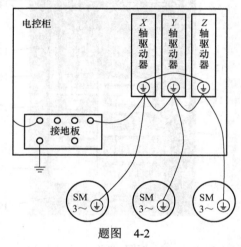

题图　4-2

6．变频器或伺服放大器进线电缆常会受到瞬变脉冲干扰电压的影响，为此，将进线电缆以相同方向绕制在铁氧体磁环上（通常 4～5 圈），如题图 4-3 所示。试问：

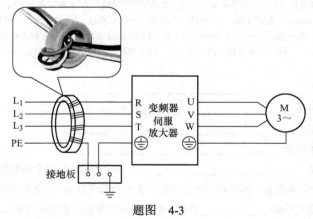

题图　4-3

1）瞬变脉冲干扰电压是什么性质的干扰源？

2）进线电缆以相同方向绕制在铁氧体磁环上起什么作用？

7．题图 4-4 所示为某经济型数控车床结构、操作箱及电气控制柜，该机床电气控制是按图 3-8 所示的形式配置的。

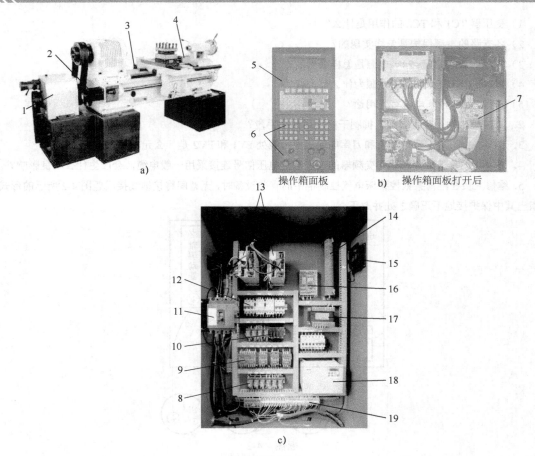

题图　4-4

a）机床结构　b）操作箱　c）电气控制柜

1—主轴电动机（普通三相交流异步电动机）　2—Z轴伺服电动机　3—X轴伺服电动机　4—刀架电动机
5—数控系统（FANUC 0i MateD）操作面板　6—机床操作面板　7—I/O模块　8—继电器　9—接触器　10—阻容吸收模块
11—总电源开关　12—断路器　13—X、Z轴伺服放大器（FANUC βi系列）　14—变频器制动电阻　15—散热风扇
16—开关电源　17—变压器　18—变频器　19—接线端子排

请完成以下填空：

1）变压器的作用是_____。

2）开关电源的作用是_____。

3）断路器的作用是_____。

4）伺服放大器的作用是_____。

5）变频器的作用是_____。制动电阻是为变频器配置的，当主轴电动机减速或制动时，电动机处于发电状态，制动电阻将电动机产生的能量消耗掉，以保护变频器（详见模块七内容）。

6）I/O模块的作用是机床侧_____控制，包括机床操作面板和机床侧输入、输出开关的控制。继电器、接触器由I/O模块输出信号控制，使冷却泵电动机起动及停止、刀架电动机起动及停止等（详见模块六内容）。

7）阻容吸收模块的作用是_____。

8）数控机床上电顺序是先_____再_____；下电顺序是先_____再_____。

模块五　数控机床机械调整及维护

知 识 链 接

滚珠丝杠传动

一、滚珠丝杠副

滚珠丝杠副是一种将旋转运动转换成直线运动的机械传动元件，由丝杠和螺母组成。丝杠上有截面为弧形的螺旋滚道，丝杠两端由滚动轴承支承；丝杠螺母中有可以循环的滚珠，滚珠的循环方式有内循环和外循环。图 5-1 所示为滚珠丝杠副结构。

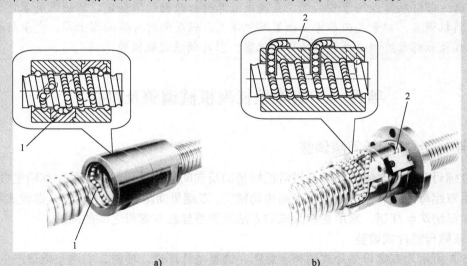

图 5-1　滚珠丝杠副

a）内循环　b）外循环

1—反向器　2—插管

丝杠螺距是伺服系统的重要参数；丝杠轴承和丝杠螺母间隙调整及预紧是进给机械调整和维修的重要内容。

二、滚珠丝杠与伺服电动机的连接

伺服电动机与滚珠丝杠的连接通常有两种方式：一是伺服电动机与丝杠通过联轴器直连，如图 5-2a 所示；二是伺服电动机通过同步带或减速齿轮与丝杠相连，如图 5-2b 所示。

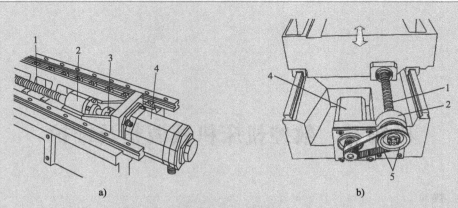

图 5-2　伺服电动机与滚珠丝杠的连接

a）通过联轴器直连　b）通过同步带连接

1—滚珠丝杠　2—轴承座　3—联轴器　4—伺服电动机　5—同步带及带轮

伺服电动机转速的高低通过滚珠丝杠实现工作台进给速度的快慢变化；伺服电动机的正反转通过滚珠丝杠实现工作台进给方向的改变。进给传动要满足运行速度稳定及位置精度等要求。若联轴器或同步带松动，会造成滚珠丝杠转动的不稳定，其结果是零件加工尺寸出现随机误差、增量式回参考点位置随机误差、轴反向时有瞬间窜动等；支承丝杠的滚动轴承和丝杠螺母磨损会造成机械传动阻塞，引起伺服过载报警。

项目一　滚珠丝杠副机械调整及维护

任务 1　丝杠螺母间隙调整

丝杠螺母与丝杠之间的间隙是进给机械传动反向间隙的重要组成部分，高精度数控机床通常采用双螺母间隙调整的方法来提高传动精度。双螺母间隙调整有垫片式、螺纹式等方法。对于单螺母滚珠丝杠副，常用更换滚珠的方法来调整丝杠与螺母之间的间隙。

1. 双螺母垫片式调整

图 5-3 所示为双螺母垫片式调整示意图。调整垫片厚度，使左、右两个螺母产生相对轴向位移，即可消除螺母和丝杠之间的轴向间隙。但垫片厚度不宜过大，否则会增加丝杠与螺母之间的摩擦力，引起轴向负载的增加，并加速丝杠磨损。双螺母垫片式调整结构简单可靠、刚度好，应用最为广泛。

2. 双螺母螺纹式调整

图 5-4 所示为双螺母螺纹式调整示意图。利用一个丝杠螺母上的外螺纹，通过调整螺母调整两个丝杠螺母之间的相对位移来消除轴向间隙，调整好后用锁紧螺母锁紧。这种结构调整方便，而且在使用过程中可随时调整。

3. 单螺母间隙调整

对于单螺母滚珠丝杠，由于丝杠、螺母之间的间隙是不能调整的，若检测出丝杠副存在间隙，则检查丝杠滚道是否已磨损。如磨损严重，必须更换全套丝杠副；如磨损轻微，可以根据检测出的丝杠螺母最大间隙换算成滚珠直径增加值，通过更换更大直径的滚珠来修复。

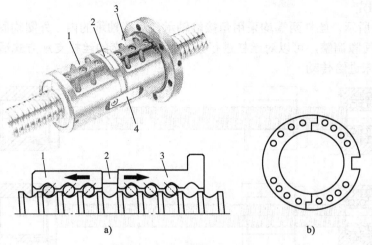

图 5-3　双螺母垫片式调整

a）调整原理　b）垫片

1—丝杠螺母 A　2—垫片　3—丝杠螺母 B　4—压紧键

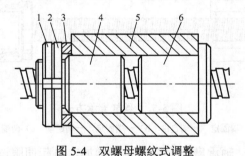

图 5-4　双螺母螺纹式调整

1—锁紧螺母　2—调整螺母　3—垫圈　4—丝杠螺母 A　5—螺母座　6—丝杠螺母 B

任务 2　丝杠支承和预紧

一、丝杠支承

丝杠两端的支承方式及调整对进给传动的精度和稳定性有很大的影响，数控机床滚珠丝杠支承通常有"一端固定，一端自由""一端固定，一端游动"及"两端固定"等方式。

1．一端固定，一端自由

如图 5-5a 所示，固定端采用两个相向的角接触轴承，以承受正、反向的轴向载荷，轴承内、外圈由丝杠轴肩、机架止口、端盖止口及圆螺母固定，通过调整固定端圆螺母可消除轴承间隙；自由端无轴承支承。这种支承方式的丝杠容易弯曲变形，轴向刚度低，适用于短丝杠，常用于数控车床 X 轴丝杠支承。

2．一端固定，一端游动

如图 5-5b 所示，固定端同图 5-5a 的固定端，游动端采用深沟球轴承，轴向无固定。当丝杠受热伸长时，游动端轴承沿轴向可移动，以消除丝杠受热引起的弯曲变形。大多数一般精度的中小型数控机床常采用这种支承方式。

3. 两端固定

如图 5-5c 所示，丝杠两端均采用角接触轴承，两端轴承的内、外圈均固定。通过对一端轴承座的轴向间隙调整，可以对丝杠进行预紧。两端固定的丝杠支承方式适用于大行程、高精度的数控机床进给传动。

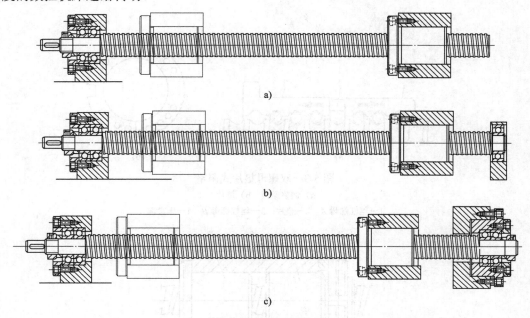

a)

b)

c)

图 5-5　丝杠支承方式

a）一端固定，一端自由　b）一端固定，一端游动　c）两端固定

尤其要注意的是，滚动轴承磨损会造成负载增加，引起伺服过载报警；滚动轴承间隙会造成丝杠轴向窜动现象，使传动刚度降低，进给运动不稳定。当产生伺服过载报警时，就机械传动方面的诊断而言，可脱开伺服电动机轴与滚珠丝杠之间的联轴器，用手正反转盘动丝杠，若有阻塞现象，可初步判断轴承有故障。

二、丝杠轴承及丝杠预紧

1. 丝杠轴承预紧

在图 5-5 所示的各种丝杠支承方式中，丝杠一端或两端配置有成对的角接触球轴承，采用圆螺母对其进行预紧，以消除传动间隙，提高传动精度和刚度。在丝杠末端设置一个千分表，表座固定在床身上，表头触及丝杠端面，如图 5-6 所示。手动操作机床，使丝杠正、反向旋转，观察表针是否摆动，依次判断丝杠轴承是否存在间隙，是否需要通过旋转圆螺母来调整预紧力。通常丝杠轴承预紧松动时，表现为丝杠有轴向窜动、运动不稳定及加工尺寸有误差。

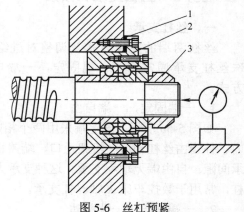

图 5-6　丝杠预紧

1—垫片　2—轴承座　3—轴承预紧圆螺母

2．丝杠预紧

丝杠预紧又称丝杠预加载荷，就是丝杠在承载前预先对丝杠施加一个轴向力，使其产生微伸长量。丝杠预紧通常适用于两端固定的场合。

如图 5-6 所示，调整轴承座与机架之间垫片的厚度使丝杠伸长，可达到预紧的目的。预紧一方面能消除丝杠与螺母之间的间隙，提高丝杠传动刚度，有利于提高进给传动的稳定性；另一方面，它还能抵消丝杠传动时的热变形，提高传动精度。丝杠预紧时，在丝杠端部设置一个千分表，千分表表头顶住丝杠端部，预紧时观察表针读数，丝杠产生的伸长量反映了丝杠预紧的程度。预紧要适当，过大会增加丝杠、螺母间的摩擦，引起轴向负载增加而造成过载。

任务 3　联轴器调整

滚珠丝杠与伺服电动机之间的连接部件通常为挠性联轴器，常用的有滑块联轴器、梅花联轴器和膜片联轴器等，如图 5-7 所示。

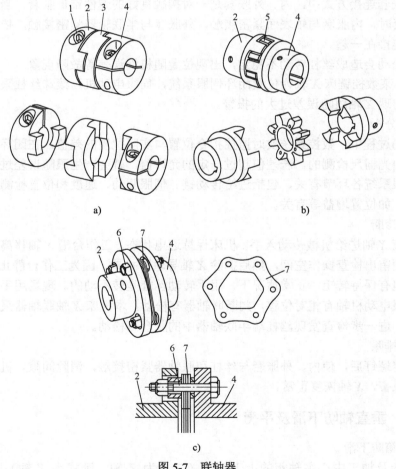

图 5-7　联轴器

a）滑块联轴器　b）梅花联轴器　c）膜片联轴器

1—紧固螺钉　2—半联轴器 A　3—滑块　4—半联轴器 B　5—弹性中间体

6—六角铰制孔用螺栓　7—弹性膜片组

滑块联轴器由两个在端面上开有凸牙的半联轴器和一个两边带有凹槽的滑块组成,通过滑块传递转矩,凸牙可在凹槽内滑动,可补偿安装及运转时两轴间的相对位移。梅花联轴器是一种将梅花状的弹性元件置于两个半联轴器凸爪之间,以实现转矩传递的联轴器,它具有良好的位移补偿能力和减振能力。膜片联轴器是有弹性元件的挠性联轴器,弹性元件是由环形金属薄片叠合而成的膜片组,膜片上沿圆周均布有若干螺栓孔,通过铰制孔用螺栓交错间隔地与两边半联轴器相连,靠膜片传递转矩。

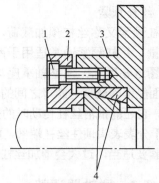

图5-8　无键胀套连接

1—调节螺钉　2—圆环　3—半联轴器　4—内、外胀套

滚珠丝杠或伺服电动机轴与联轴器的连接有键连接和无键胀套连接等方式。图5-8所示为无键胀套连接。

在无键胀套连接方式中,内、外胀套是一对接触良好的弹性锥形胀套,当圆环通过调节螺钉顶紧胀套时,内胀套与轴表面紧密接触,外胀套与半联轴器紧密接触,依靠摩擦力将半联轴器和轴连接在一起。

联轴器松动会造成丝杠转动不稳定,出现位置随机性误差等故障现象。

例5-1　某数控铣床 X 轴为位置闭环伺服系统,伺服电动机与滚珠丝杠采用直联方式。加工过程中出现 X 轴跟随误差过大的报警。

1. 故障分析

轴在运动过程中,数控系统实时监控指令位置与实际位置的差值。在闭环伺服系统中,实际位置是由光栅尺检测的,若差值超过一定的允许值,就会产生跟随误差过大的报警。跟随误差与伺服系统各环节有关,包括进给传动链、伺服驱动、速度和位置检测及反馈等,也与伺服参数,如位置增益等有关。

2. 故障诊断

先从检查 X 轴进给机械传动入手。机床保持通电状态,工作台沿 X 轴移离联轴器端至某处停止,以便留出检查操作空间,然后拆除 X 轴导轨防护罩。因为工作台静止时, X 轴伺服电动机停止但有保持转矩,正常情况下,用手转动丝杠是转不动的。现场用手转动丝杠,发现丝杠与伺服电动机轴有相对位移,判断联轴器有松动。本机床 X 轴联轴器采用无键胀套式膜片离合器,进一步检查发现丝杠端半联轴器中的胀套有松动。

3. 故障排除

紧固紧定螺钉后,使内、外胀套与丝杠和联轴器紧密接触,消除间隙。机床运行,无跟随误差过大报警, X 轴恢复正常。

任务4　垂直轴防下滑及平衡

1. 主轴箱防下滑

数控铣床及加工中心主轴箱的上下运动（立式为 Z 轴,卧式为 Y 轴）是由垂直安装的滚珠丝杠传动来实现的,称为垂直轴。由于滚珠丝杠无自锁的特性,为防止伺服电动机失电时主轴箱因无保持转矩而出现下滑（又称"重力轴"）的现象（称为"溜刀"）,与垂直丝杠连接的伺服电动机中应配有电磁抱闸,图5-9所示为主轴箱平衡原理图。伺服电动机通过丝杠带动主轴箱时，电磁抱闸得电松开；伺服电动机失电时，电磁抱闸失电，抱闸锁住伺服电动机转子，从而锁住垂直丝杠，防止主轴箱下滑。

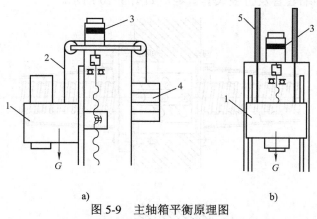

图 5-9 主轴箱平衡原理图

a）主轴箱平衡块平衡 b）主轴箱液压缸平衡

1—主轴箱 2—链条 3—伺服电动机中的电磁抱闸 4—平衡块 5—平衡液压缸

斜床身数控车床 X 轴伺服电动机通常也带有电磁抱闸，以防止 X 轴伺服电动机失电时刀架溜刀。

2．主轴箱平衡

为克服主轴箱重力的影响，保持其上下运动时伺服电动机转矩基本稳定，应采用平衡装置。简单的方法是采用平衡块 4（由铁块组成，又称平衡锤），通过链条 2 与主轴箱 1 连接，随主轴箱一起上下移动，如图 5-9a 所示；高精度的数控铣床或加工中心采用液压缸平衡的方式，如图 5-9b 所示。平衡液压缸 5 固定在立柱上，液压缸的活塞杆与主轴箱连接，主轴箱上下运动时，液压缸平衡压力由液压系统自动调节。液压平衡力的大小及变化会影响到伺服电动机的工作电流及运动误差。检查平衡力是否合适，最有效的办法是检查伺服电动机的电流。平衡良好时，主轴箱上升和下降时伺服电动机电流应相差不大。电流测量方法有两种：一是用钳形电流表在伺服电动机侧现场测量；二是在系统伺服调整画面中对电流进行监视。在大型数控镗铣床中，为了平衡主轴滑枕伸出或缩进引起主轴箱重心的变化，通常采用带伺服阀的液压系统。

任务 5 丝杠维护及故障诊断

1．丝杠轴承检查

应定期检查轴承座与床身的连接是否有松动，以及轴承、挡圈是否有磨损，如有问题，应及时紧固松动的部位，更换轴承或挡圈。

2．丝杠润滑

丝杠润滑分为油润滑和脂润滑两大类。油润滑中，润滑油经丝杠螺母壳体上的油孔注入螺母内，由外部润滑系统定时或定量进行供油，通常机床在每次开机后先要润滑一次；脂润滑中，润滑脂采用锂基润滑脂，加在丝杠螺纹滚道和螺母壳体内，润滑脂的体积不要超过螺母壳体容积的1/3。

3．丝杠防护

为避免灰尘、切屑及油污侵入丝杠，若丝杠在机床上外露，应采用封闭的防护罩，如螺旋弹簧钢带套管、伸缩套管及折叠式套管等，如图 5-10 所示。

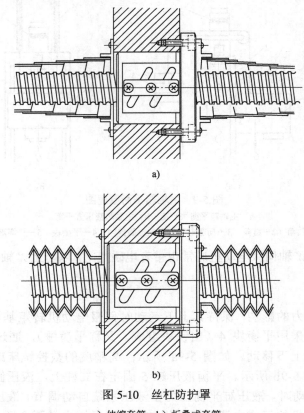

图 5-10　丝杠防护罩

a）伸缩套管　b）折叠式套管

防护罩一端固定在丝杠螺母端面，另一端固定在轴承座上。应定期清洁防护罩，避免切屑划伤防护罩。

丝杠螺母密封和防护采用密封圈，密封圈装在螺母两端，有接触式弹性密封圈和非接触式迷宫式密封圈两种类型。前者用耐用橡胶或尼龙制成，其内孔做成与丝杠滚道相匹配的形状；后者用硬质塑料制成，内孔做成迷宫状且与丝杠滚道稍有间隙。

4．故障诊断

表 5-1 为滚珠丝杠副的故障诊断方法。

表 5-1　滚珠丝杠副的故障诊断方法

故 障 现 象	故 障 原 因	排 除 方 法
滚珠丝杠副噪声	丝杠轴承座端盖压合情况不好	调整轴承端盖，使其压紧轴承端面
	丝杠支承轴承破损	更换新轴承
	伺服电动机与丝杠联轴器松动	拧紧联轴器锁紧螺钉
	丝杠螺母、支承轴承润滑不良	改善润滑条件，使润滑油量充足
	滚珠丝杠副滚珠有磨损	更换新滚珠

（续）

故 障 现 象	故 障 原 因	排 除 方 法
滚珠丝杠运动不灵活	轴向预加载荷太大	调整轴向间隙和预加载荷
	丝杠与导轨不平行	调整丝杠轴承座位置，使丝杠与导轨平行
	螺母轴线与导轨不平行	调整螺母座位置
	丝杠弯曲变形	校直丝杠
轴反向误差大、定位精度不稳定、过象限出现刀痕	丝杠轴向窜动	检查丝杠支承轴承间隙，调整垫片厚度、锁紧螺母，或更换轴承
	滚珠丝杠副之间有间隙	丝杠螺母间隙调整
	丝杠螺母法兰盘与工作台连接未固定好	检查法兰盘固定螺钉，通常在检查丝杠螺母间隙时先把该故障因素排除
	丝杠连接松动	检查联轴器、同步带等连接装置状况

例 5-2 某龙门加工中心加工的零件，检验时发现工件 Y 轴方向的实际尺寸与编程数据存在不规则的偏差，该机床 Y 轴传动链示意图如图 5-11 所示。

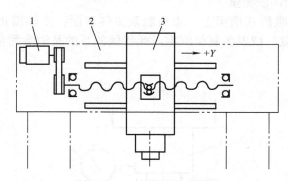

图 5-11 Y 轴传动链示意图

1—Y 轴伺服电动机 2—横梁 3—主轴箱

故障分析：

因为，Y 轴位置控制由伺服电动机内装编码器位置检测并进行半闭环伺服控制，所以，Y 轴尺寸偏差是由 Y 轴位置控制造成的，该故障涉及 Y 轴伺服控制和机械传动。

1）检查 Y 轴有关伺服参数，如位置增益、反向间隙及到位宽度等参数是否均在要求范围内，排除由于参数设置不当引起故障的因素。

2）检查 Y 轴进给传动链。传动链中任何连接部分若存在间隙，均可引起位置偏差，从而造成加工零件尺寸超差。为此，将故障诊断落实在 Y 轴进给传动链上。

故障诊断：

Y 轴进给传动链故障诊断包括丝杠轴向窜动、丝杠螺母反向间隙、丝杠与同步带轮的连接，以及伺服电动机轴与同步带轮的连接。

（1）丝杠轴向窜动的测量

1）找一粒滚珠置于滚珠丝杠的端部中心孔中，将百分表表座吸附在横梁上，百分表表头顶住滚珠，如图 5-12 所示。

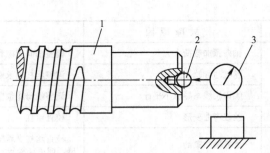

图 5-12　Y 轴丝杠轴向窜动测量

1—滚珠丝杠　2—滚珠　3—百分表

2）将机床操作面板上的操作方式置于手动方式（JOG），选择 Y 轴和进给倍率。单击正、负方向进给键，Y 轴伺服电动机带动滚珠丝杠正、反向旋转，从而使主轴箱沿 Y 轴正、负方向连续运动。

3）观察百分表读数无明显变化，故排除滚珠丝杠轴向窜动的可能。

（2）丝杠螺母反向间隙测量

1）将百分表表座吸附在横梁上，表头触及主轴表面；主轴箱正向移动并使表头压缩 0.1mm 左右，转动表盘，把表头复位到零，此步骤的目的是消除测量前的正向误差，如图 5-13 所示。

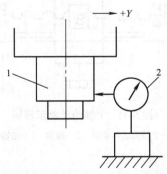

图 5-13　Y 轴丝杠螺母反向间隙测量

1—主轴　2—百分表

2）将机床操作面板上的操作方式置于点动方式，选择 0.01mm 增量，选择 Y 轴，单击正方向进给键 5 次，百分表读数为 0.05mm。

3）再单击负方向进给键 5 次，百分表的读数接近 0。连续测量几次，读数稳定，判定 Y 轴丝杠螺母反向间隙在允许范围内。

（3）检查同步带轮连接　检查与 Y 轴伺服电动机和滚珠丝杠连接的同步带轮，发现与伺服电动机轴连接的带轮锥套紧固螺钉有松动。因为连接松动，使得 Y 轴丝杠转动与伺服电动机转动不同步；并且由于松动是随机和不规则的，从而造成 Y 轴运动忽快忽慢，忽走忽停，最终使零件的加工尺寸出现不规则的偏差。另外，Y 轴伺服电动机内装编码器进行位置检测时，只能检测到伺服电动机端的角位移，检测不到主轴箱的实际位移。因此，当伺服电动机正常运行时，数控系统认为当前的位置控制是正常的，无报警产生。

故障排除:

旋紧紧固螺钉, 使同步带轮与伺服电动机轴可靠连接。加工零件经测量后尺寸合格。

项目二 导轨机械调整及维护

导轨是数控机床进给传动机构的重要部件之一, 对工作台、滑板及主轴箱等移动部件起支承和导向作用, 在很大程度上决定了数控机床的刚度及精度保持性。数控机床常用的导轨有滑动导轨、滚动导轨和静压导轨等。

任务 1 滑动导轨机械调整及维护

1. 导向

数控机床直线运动滑动导轨通常采用矩形-矩形、三角形-矩形组合形式, 其导向有宽式导向和窄式导向两种方式, 如图 5-14 所示。

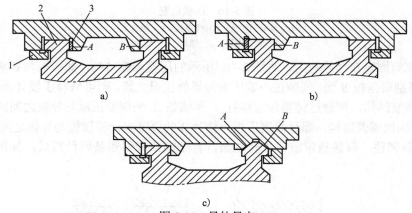

图 5-14 导轨导向

a) 矩形-矩形导轨宽式导向 b) 矩形-矩形导轨窄式导向 c) 三角形-矩形导轨导向

1—压板 2—导轨 3—镶条

矩形-矩形导轨宽式导向以两根导轨的内侧面进行导向 (图 5-14a 中 A、B), 窄式导向则以一根导轨的两侧面进行导向 (图 5-14b 中 A、B), 它们需要用镶条进行间隙调整, 常用于普通精度的数控铣床及加工中心上; 三角形-矩形导轨 (图 5-14c) 利用两斜面进行导向, 不需要镶条调整间隙, 常用于平床身数控车床上。金属对金属的滑动导轨由于摩擦特性的原因, 存在低速爬行的现象。为了改善摩擦特性, 提高导轨耐磨性及定位精度, 数控机床滑动导轨常采用塑料导轨。塑料导轨是一种由高分子材料制成的薄板 (也称抗磨软带), 用黏合剂粘贴在打磨后的金属导轨面上, 如图 5-15 所示。

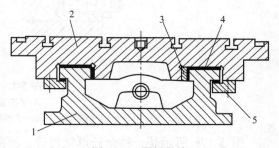

图 5-15 塑料导轨

1—床身 2—工作台 3—镶条 4—导轨软带 5—压板

2．间隙调整及预紧

导轨副调整很重要的一项工作就是要保证导轨面之间有合理的间隙，以保证导向精度。间隙过小，则摩擦阻力大，进给驱动易过载，且导轨磨损加剧；间隙过大，则导向精度降低，进给运动不稳定。滑动导轨间隙调整及预紧有压板调整和镶条调整等方法。

（1）压板调整　压板用于调整辅助导轨面的间隙，如图 5-16 所示。

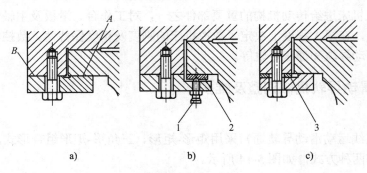

图 5-16　压板调整
a）修磨刮研式　b）镶条式　c）垫片式
1—调节螺钉　2—镶条　3—垫片

压板用螺钉固定在动导轨上，对图 5-16a 所示的压板调整结构，如压板与导轨下滑面间隙过大，应修磨刮研压板 *B* 面；间隙过小或压板与导轨压得太紧，则可修磨压板 *A* 面。对图 5-16b 所示的压板调整结构，可通过调整调节螺钉 1 和镶条 2 来调整压板与导轨之间的间隙。对图 5-16c 所示的压板调整结构，通过修磨压板上垫片 3 的厚度来调整压板与导轨之间的间隙。

（2）镶条调整　镶条通常放在导轨侧面，有平镶条和斜镶条两种形式，如图 5-17 所示。

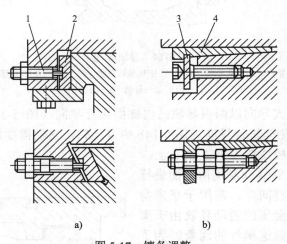

图 5-17　镶条调整
a）平镶条　b）斜镶条
1—调节螺钉　2—平镶条　3—拨动体　4—斜镶条

图 5-17a 所示是一种全长厚度相等、横截面为矩形或平行四边形的平镶条 2，通过侧面的螺钉 1 调节，以横向位移来调整间隙，并用螺母锁紧。由于各着力点的预紧力不均匀，镶条会有挠曲。图 5-17b 所示是全长厚度变化的斜镶条及调节方法，以斜镶条的纵向位移来调

整间隙，斜镶条在全长上预紧，受力均匀。由于斜镶条楔形的增压作用会产生较大的横向预紧压力，造成负载增大，因此调整时应细心。

任务 2 滚动导轨机械调整及维护

直线滚动导轨由导轨、滑块等组成，如图 5-18 所示。导轨通常固定在床身上，滑块固定在移动部件上，滑块内有可以循环的滚动体，滑块与导轨之间为滚动摩擦。为防止灰尘和脏物进入滑块，在滑块两端装有塑料密封垫；滑块上有外接润滑油的油杯，用来润滑导轨和滑块内的滚动体。

图 5-18 直线滚动导轨
1—床身 2—导轨 3—滑块

1．导轨和滑块侧向定位

导轨和滑块侧向的定位有导轨两侧定位、导轨一侧定位及导轨两侧无定位等方式，如图 5-19 所示。

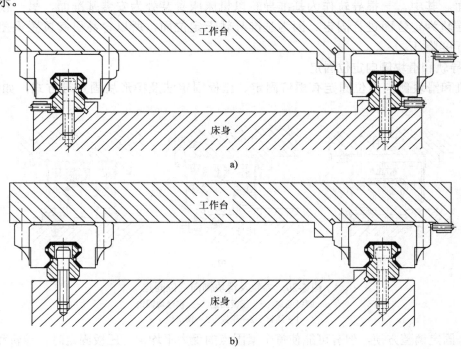

a)

b)

图 5-19 直线滚动导轨定位
a）导轨两侧定位 b）导轨一侧定位

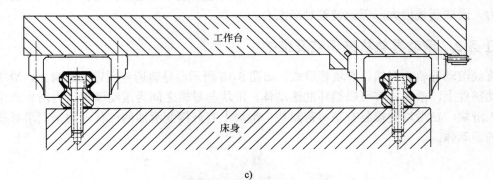

c)

图 5-19　直线滚动导轨定位（续）

c）导轨两侧无定位

在图 5-19a 所示的导轨两侧定位（又称双导轨定位）中，两根导轨的侧向均有定位面，故对机床床身有侧向定位面平行度的要求，导轨安装及调整难度较大。导轨两侧定位常用于有振动及位置精度要求高的场合。在图 5-19b 所示的导轨一侧定位（又称单导轨定位）中，为保证两根导轨平行，通常把一根导轨作为基准导轨，安装在机床床身基准面上，底面和侧面都有定位面，另一根导轨没有侧向定位面，以基准导轨为定位面进行固定。导轨一侧定位对机床床身没有侧向定位面平行的要求，安装及调整方便，且容易保证两根导轨平行，应用较普遍。在图 5-19c 所示的导轨两侧无定位中，两根导轨均无定位面。其中，一根导轨作为基准导轨以机床床身某处为安装基准面，另一根导轨再以基准导轨为定位面进行固定。因为基准导轨无定位面，所以容易引起位置误差，造成导轨平行度降低。

2．导轨和滑块侧向定位固定

导轨和滑块侧向定位固定有螺钉固定、压板固定法及楔形块固定等方式，如图 5-20 所示。

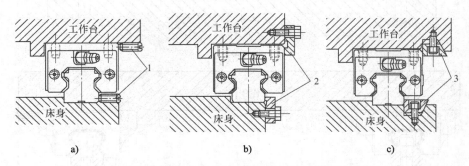

a)　　　　　　　　　　　b)　　　　　　　　　　　c)

图 5-20　导轨及滑块侧向定位固定

a）螺钉固定　b）压板固定　c）楔形块固定

1—螺钉　2—压板　3—楔形块

螺钉固定调整方便，但有可能使每个紧固点的受力不均匀；压板固定时，导轨和滑块的侧面需要稍微超出安装基准面的边缘，以便对导轨和滑块施加一定的预紧力；楔形块固定时，通过对楔形块施加预紧力进行锁紧，但过大的预紧力会造成导轨变形。

任务 3 导轨维护及故障诊断

1．导轨防护

为避免切屑、切削液等进入导轨内，数控机床导轨防护大都采用伸缩式防护罩，如图 5-21 所示。

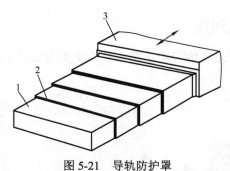

图 5-21 导轨防护罩

1—不锈钢伸缩防护罩 2—刮板 3—工作台

导轨防护罩由不锈钢薄板制成，一端固定在床身上，另一端固定在工作台上，防护罩随工作台的移动而伸缩。防护罩要防止撞击而产生变形，否则会引起运动阻塞；另外，要经常清理防护罩，特别是每节连接密封处，若有切屑卡在此处，轻者刮伤防护罩，重者防护罩伸缩运动阻塞，引起该进给轴驱动负载增加，造成伺服过载报警。

2．导轨故障诊断

表 5-2 为导轨常见故障现象、故障原因及排除方法。

表 5-2 导轨常见故障现象、故障原因及排除方法

故障现象	故障原因	排除方法
导轨研伤	机床经长期使用，地基与床身水平有变化，使导轨局部单位面积负载过大	定期进行床身导轨的水平调整，或修复导轨精度
	长期加工短工件或承受过分集中的负载，使导轨局部磨损严重	合理分布工件的安装位置，避免负载过分集中
	导轨润滑不良	调整导轨润滑油量，保证润滑油压力
导轨上移动部件运动不良或不能移动	导轨镶条与导轨间隙太小，预紧力太大	松开镶条止退螺钉，调整镶条螺钉，使运动部件运动灵活，保证 0.03mm 塞尺不能塞入，然后锁紧止退螺钉
	导轨内进入脏物	加强机床维护保养，保护好导轨防护罩

例 5-3 某配置 FANUC 0iC 数控系统的数控铣床，在加工运行时系统出现 X 轴 400 号报警。现场观察发现，手动正向 JOG 进给时，不出现报警，而手动负向 JOG 进给时即出现报警。

1．故障分析及诊断

400 号报警为伺服过热报警，可能是伺服电动机过热，或者是伺服放大器过热。进一步诊断后确认为 X 轴伺服电动机过热报警，而伺服电动机过热主要是由伺服过载引起的，初步判断 X 轴机械负载过载。

1）脱开 X 轴伺服电动机与丝杠的连接，用手盘动丝杠，发现正向转动轻松，反向转动很紧，排除丝杠轴承损坏的因素。

2）检查 X 轴导轨镶条，发现斜镶条松动，正向进给时存有间隙，负载正常；反向进给时，镶条越卡越紧，造成过载，故障现象由此而来。

2．故障排除

仔细调整斜镶条位置并锁紧，手动 JOG 正、负向移动 X 轴，无报警出现，X 轴运行恢复正常。

任务 4　丝杠及导轨润滑

丝杠及导轨的良好润滑是进给传动正常运行的重要保证，图 5-22 所示为某数控机床丝杠及导轨润滑系统。

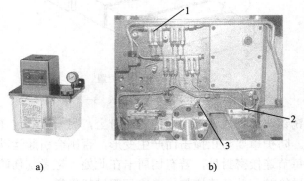

图 5-22　润滑系统

a）润滑站　b）丝杠和导轨润滑

1—分油器　2—导轨润滑　3—丝杠润滑

润滑系统由润滑泵、分油器及管路配件等组成。数控机床常用单线阻尼式或容积式的润滑系统，由数控系统 PMC 进行控制。单线阻尼式润滑系统又称节流式润滑系统，是一种定时的润滑方式，润滑系统分油器的各配管上有计量件，调节计量件上的小孔间隙，可对润滑油流量进行比例分配，然后通过计量件将润滑泵打出的压力油按比例分配到各润滑部位。润滑泵按数控系统 PMC 预先设置的供油时间和间歇时间进行周期循环运行。容积式润滑系统是一种定量式的润滑方式，在该方式中，分油器各配管的计量件内设有小活塞，活塞在压力油和复位弹簧的作用下往复运动，从而达到蓄油和排油的目的。润滑泵将压力润滑油送到各计量件内蓄油，当油压达到额定压力时，润滑泵或管路上的压力开关发出信号给 PMC，PMC 控制润滑泵停止运行。此时，一方面，润滑泵处于卸压状态；另一方面，在复位弹簧的作用下，计量件将预先蓄储的润滑油通过配油管注入各润滑部位。经过一定的间歇时间，润滑泵重新起动，完成一次润滑循环。由于计量件的容积是定量的，所以能把定量的润滑油注入各润滑部位，不受润滑泵压力和配油管距离的影响。

例 5-4　某数控铣床 Y 轴运行时有摩擦杂音，判断润滑不良。该机床采用单线阻尼式润滑系统，由 FANUC 0iC 系统 PMC 定时控制润滑。

1．故障分析及诊断

1）起初认为润滑间歇时间太长，导致 Y 轴润滑不足。由机床维修手册获知，润滑间歇时间可以在数控系统 PMC 定时器画面中设定。将润滑间歇时间缩短，运行后观察到，Y 轴导轨润滑有所改善，但油量仍显不足。

2）检查润滑管路，未发现泄漏现象。

3）拧下 Y 轴导轨润滑计量件，检查发现计量件中的小孔堵塞，由此造成 Y 轴润滑不足的现象。

2．故障排除

清洗计量件，重新安装后 Y 轴润滑正常。

例 5-5　某立式加工中心采用容积式润滑系统，由 FANUC 0iC 系统 PMC 控制润滑。机床运行中发现润滑油损耗大，隔一天就要向润滑站加油。

1．故障分析及诊断

容积式润滑系统中润滑泵的起动、停止由间歇停止时间和压力开关控制，因此压力开关失效、管路泄漏、停止间歇时间过短及容积式计量件失效等均为故障因素。

1）在数控系统 PMC 设定画面中，将润滑泵停止间歇时间延长，以减少单位时间内润滑泵打油的次数。运行后观察发现润滑损耗有所改善，但仍很大。

2）检查润滑油管路，未发现泄露现象。

3）检查管路压力开关，发现标定压力和动作正常。

4）进一步检查发现 Y 轴丝杠螺母处润滑油特别多，拧下 Y 轴丝杠螺母计量件，发现计量件中的密封圈磨损严重，由此造成润滑油泄漏。因润滑系统压力建立不起来，致使润滑泵长时间运行，产生润滑油损耗大的现象。

2．故障排除

换上新的计量件后，润滑恢复正常。

项目三　位置精度检验

位置精度主要包括定位精度和重复定位精度。定位精度是数控指令要求移动的距离与机床实际移动距离的差值，该差值是多次（5 次以上）测量的统计值；重复定位精度是对一个确定的目标位置从正方向和反向进行定位，实际位置与目标位置的差值，该差值也是多次（5 次以上）测量的统计值。影响数控机床定位精度的主要因素是反向间隙和丝杠螺距累积误差。

通过对反向间隙和丝杠螺距累积误差测量所获得的数据，一方面，可对机床位置精度及存在的问题作出评价，并进行相应的机械调整，如通过对传动机构的间隙和预紧调整，提高传动精度和刚度；另一方面，通过相应的系统参数设定进行补偿，如反向间隙补偿、丝杠螺距累积误差补偿等来提高伺服系统的位置控制精度。

任务 1　反向间隙测量及补偿

反向间隙也称为失动量，是进给轴运动方向改变瞬间存在的一种现象。伺服电动机转向改变时有反向死区，进给传动链如滚珠丝杠副、联轴器、同步带轮及导轨等存在间隙和弹性变形，造成数控系统位置指令发出后，进给轴先要克服间隙和弹性变形，然后才进行进给运动，使指令位置与实际位置产生偏差。

1．测量方法

以立式数控铣床或立式加工中心 X 轴反向间隙测量为例介绍，如图 5-23 所示。

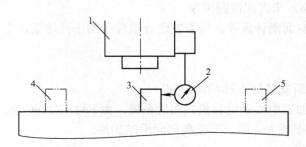

图 5-23　立式铣床 X 轴反向间隙测量

1—主轴　2—百分表　3—量块（中端位置）　4—量块（左端位置）　5—量块（右端位置）

1）将工作台置于行程中间的位置，再将量块置于工作台中央且靠近主轴轴线的位置，然后移动主轴使主轴靠近量块。将百分表表座吸在主轴上，调整连接杆，使百分表测头能触及量块侧面。

2）手动（×10 档）正向移动 X 轴约 0.1mm，此步骤的目的是消除测量前的 X 轴正向间隙。

3）旋转百分表盘与指针"0"刻度重合，作为初始测量基准。

4）在 MDI 操作方式中运行测量程序。

```
M00;                    // 手动暂停，记录百分表读数1，按"循环起动"按钮
N05 G91 G01 X1.0 F10;   // 工作台右移 1mm
N10 X–1.0;              // 工作台左移 1mm
M00;                    // 手动暂停，记录百分表读数2，按"循环起动"按钮
N15 X–1.0;              // 工作台左移 1mm
N20 X1.0;               // 工作台右移 1mm
M00;                    // 手动暂停，记录百分表读数3，按"循环起动"按钮
M30;
%;
```

X 轴反向间隙测量循环如图 5-24 所示。

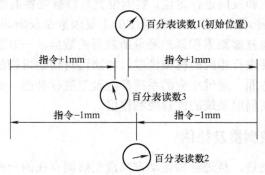

图 5-24　X 轴反向间隙测量循环

在一次测量循环中，正向运动变换为负向运动产生的反向间隙称为负向反向间隙，记为 $x_i\downarrow$，i 为测量循环次数，其数值为 $x_i\downarrow$＝读数 2－读数 1；负向运动变换为正向运动产生的反向间隙称为正向反向间隙，记为 $x_i\uparrow$，i 为测量循环次数，其数值为 $x_i\uparrow$＝读数 3－读数 2。前一次测量循环中百分表读数 3 作为当前测量循环中的初始位置。

5）在程序运行暂停点记录百分表读数，并填入表 5-3 中的对应项。

表 5-3　*X* 轴反向间隙测量

测 量 位 置	循 环 次 数	百分表读数 1（初始位置）	百分表读数 2	百分表读数 3	$x_i\downarrow$	$x_i\uparrow$
X 轴行程中端	1					
	2					
	3					
	4					
	5					
	X 轴行程中端正、负向反向间隙平均值				$\bar{x}_M\downarrow$	$\bar{x}_M\uparrow$
X 轴行程左端	1					
	2					
	3					
	4					
	5					
	X 轴行程左端正、负向反向间隙平均值				$\bar{x}_L\downarrow$	$\bar{x}_L\uparrow$
X 轴行程右端	1					
	2					
	3					
	4					
	5					
	X 轴行程右端正、负向反向间隙平均值				$\bar{x}_R\downarrow$	$\bar{x}_R\uparrow$
X 轴反向间隙（各测量位置正、负向反向间隙的最大值）						

2．反向间隙补偿

反向间隙补偿就是数控系统在执行运动指令过程中，当进给方向改变时自动地在位置指令上叠加一个附加值，以补偿由于反向间隙造成的位置精度的降低，该附加值就是通过测量得到的反向间隙值。FANUC 0iC 系统切削进给反向间隙补偿参数为 PRM1851，用户可在系统参数画面中将反向间隙补偿值设定到该参数中。

任务 2　定位精度测量及补偿

一、定位误差曲线

丝杠螺距存在着螺距误差，随着螺母位移的增加，螺距误差产生累积，表现在位置精度上即产生定位误差。在空载情况下，对所测的进给轴在全行程内视机床规格分为 20mm、50mm或 100mm 间距，然后正向和反向快速移动定位，并在每个位置上测出实际移动距离与指令距离之差，经多次测量和数据统计处理，获得定位误差曲线。定位误差手工测量可通过步距规和千分表及手工计算来进行，先进的自动检测中用激光干涉仪来实现。定位误差曲线如图5-25 所示。

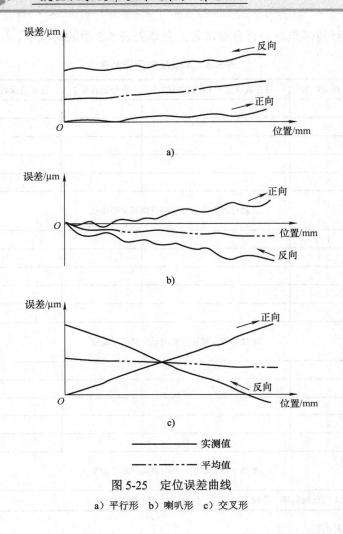

图5-25 定位误差曲线

a）平行形 b）喇叭形 c）交叉形

1．平行形

平行形定位误差曲线是一种比较理想的误差曲线，表现为正向定位曲线与反向定位曲线隔开一段距离，此距离就是该测量轴的反向间隙。在正向运动过程中，随着行程的增加，误差也越来越大，这是由丝杠螺距误差积累引起的，通常小于0.03mm/1000mm。

2．喇叭形

喇叭形定位误差曲线是丝杠支承一端紧一端松引起的，造成紧的一端在丝杠正、反向行程中分别处于受拉或受压状态。通过预紧消除轴向间隙后，正、反向误差曲线会趋于平行。

3．交叉形

交叉形误差曲线是被测轴上各段反向间隙不均匀造成的，滚珠丝杠副和导轨副在全行程内各段间隙不一致均会造成反向间隙不均匀。在使用较长时间的数控机床上容易出现这种现象，若是新机床有这种现象则是机床装配有问题。

二、步距规定位精度测量

步距规是一种标准量具，专门用于机床定位精度的测量，如图5-26所示。步距规的间距尺寸作为目标位置的测量基准，测量仪表为杠杆式千分表。

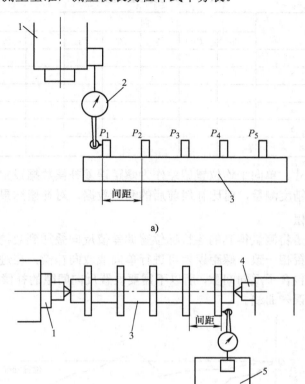

a)

b)

图 5-26 步距规

a) 通用步距规 b) 数控车床 Z 轴测量特制步距规
1—主轴 2—杠杆式千分表 3—步距规 4—尾座顶尖 5—刀架

以立式数控铣床 X 轴定位精度检测为例，测量循环如图 5-27 所示。

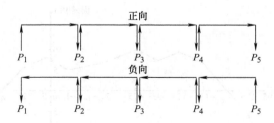

图 5-27 测量循环

将步距规置于工作台 X 轴方向上并找正，杠杆式千分表固定在机床主轴上，测头接触第 1 测量点（P_1），表针置 0，运行测量程序，测头依次触及 $P_1 \sim P_5$ 点，在每个测量点记录千分表读数，记录在表 5-4 中，完成一次测量。正、负向各重复 5 次，对记录的数据进行处理，获得单向平均位置偏差，作为螺距误差补偿的依据。

表 5-4　步距规位置精度测量

目 标 位 置		正 向					负 向				
		P_1	P_2	P_3	P_4	P_5	P_5	P_4	P_3	P_2	P_1
测量次数	1										
	2										
	3										
	4										
	5										
单向平均位置偏差/μm											

将步距规间距尺寸、单向平均位置偏差作为螺距误差补偿数据设定到数控系统参数中。补偿后，再进行定位精度测量，对比补偿前后的测量数据，对补偿结果进行评价。

三、螺距误差补偿

螺距误差补偿就是将测量得到的各目标位置偏差值反向叠加到数控系统的位置指令上，使实际位置与指令位置相一致。螺距误差可进行单向或双向补偿，在进行双向螺距补偿时，由于双向螺距补偿已包含了反向间隙，所以不需要设置反向间隙的补偿值。图 5-28 所示为螺距误差补偿前后定位误差曲线。

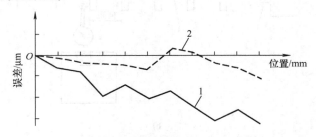

图 5-28　螺距误差补偿前后定位误差曲线

1—补偿前　2—补偿后

例 5-6　某数控车床配置 FANUC 0i 数控系统，机床 X 轴的机械行程为 $-255\sim+45\text{mm}$，经定位精度测量，得到定位误差曲线如图 5-29 所示。

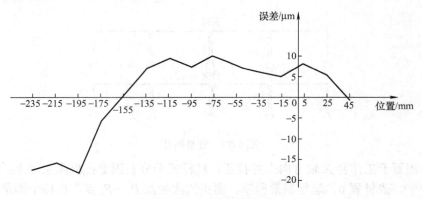

图 5-29　定位误差曲线

FANUC 数控系统螺距误差补偿原点取各坐标轴的参考点，以参考点为基准设置补偿点，补偿间隔相等，有关螺距误差补偿的参数有：

PRM3620：各轴参考点的螺距误差补偿号。

PRM3621：各轴负方向最远端的补偿点号，PRM3621=参考点补偿号$-\dfrac{机床负方向行程}{补偿间隔}+1$。

PRM3622：各轴正方向最远端的补偿点号，PRM3622=参考点补偿号$+\dfrac{机床正方向行程}{补偿间隔}$。

PRM3623：各轴螺距误差补偿倍率。

PRM3624：各轴螺距误差补偿点间隔。

本例中，位置测量间隔为 20mm，则设定螺距误差补偿点间隔 PRM3624=20；设定 X 轴参考点补偿号 PRM3620=40，则 X 轴负方向最远端（-235mm 处）的补偿号 PRM3621=$40-\dfrac{235}{20}+1=28.25$，取 28，$X$ 轴正方向最远端（+45mm 处）的补偿号 PRM3622=$40+\dfrac{45}{20}=42.25$，取 42。

FANUC 数控系统中，螺距补偿是用补偿点号和补偿数据进行设定的。其中，补偿数据为：

$$补偿数据=\dfrac{定位误差（\mu m）}{补偿倍率（MD3623）}（四舍五入）$$

在定位误差确定的情况下，改变补偿倍率的大小可改变补偿数据的大小，补偿数据必须在-7～+7 范围内。根据定位误差及设定的补偿倍率，得到各补偿位置（与补偿点号对应）的补偿数据，见表 5-5。

表 5-5　补偿数据

补偿位置/mm	补偿点号	定位误差/μm	补偿数据（补偿倍率 MD3623=3）
-235	28	-18	-6
-215	29	-16	-5
-195	30	-18	-6
-175	31	-6	-2
-155	32	0	0
-135	33	7	2
-115	34	9	3
-95	35	7	2
-75	36	10	3
-55	37	8	3
-35	38	7	2
-15	39	5	2
5	40	8	3
25	41	5	2
45	42	-1	0

在 MDI 面板上按 SYSTEM 键→按[>]软键→按[间距]软键，进入螺距误差补偿画面，在

此画面中进行补偿数据的设定，如图 5-30 所示。

节距误差调定				O9001 N00 800	
番号	数据	番号	数据	番号	数据
0022	0	0032	0	0042	0
0023	0	0033	2	0043	0
0024	0	0034	3	0044	0
0025	0	0035	2	0045	0
0026	0	0036	3	0046	0
0027	0	0037	3	0047	0
0028	−6	0038	2	0048	0
0029	−5	0039	2	0049	0
0030	−6	0040	3	0050	0
0031	−2	0041	2	0051	0
[　] [间距] [SV-PRM] [　] [（操作）]					

图 5-30　螺距误差补偿设定画面

特别要说明的是，螺距误差补偿的基准是每个轴的参考点，当该轴参考点位置改变后，须重新测量定位误差，并根据测量值重新设定螺距补偿值。

任务 3　数控机床几何精度检测

数控机床几何精度检测主要包括：直线运动的直线度、平行度、垂直度；回转运动的轴向窜动及径向跳动；主轴与工作台的位置精度等。

一、立式数控铣床和加工中心 *X* 轴运动直线度检测

工作台位于行程的中间位置，平尺置于工作台面上；在主轴上固定千分表表座，调整千分表测头使其触及平尺的检验面；调整平尺，使千分表读数在平尺的两端相等。分别在 *X-Z* 平面和 *X-Y* 平面中移动 *X* 轴进行检验，在 300mm 测量长度上允许误差不超过 0.015mm，如图 5-31 所示。

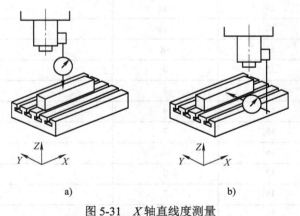

a)　　　　　　　　　　　b)

图 5-31　*X* 轴直线度测量

a）在 *X-Z* 垂直平面内　b）在 *X-Y* 水平平面内

二、数控车床主轴锥孔径向跳动检验

将检验棒插入主轴 1 的锥孔中，将千分表 3 固定在溜板箱上，测头触及检验棒 2 表面，旋转主轴进行测量，如图 5-32 所示。

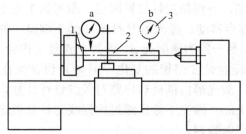

图 5-32　数控车床主轴锥孔轴线径向跳动测量

1—主轴　2—检验棒　3—千分表

1）测量主轴锥孔轴线近端径向跳动误差，如图中 a 端。

2）测量主轴锥孔轴线远端（$L=300mm$）径向跳动误差，如图中 b 端。

3）将检验棒转 90°、180°、270°，重复上述测量。

4）将测量数据填入表 5-6，并求出平均值。

表 5-6　主轴锥孔轴线径向跳动测量

检验棒位置	千分表读数	
	近端	远端
0°		
90°		
180°		
270°		
平均值		
公差	0.01mm	0.02mm
结论		

拓展阅读　　**激光干涉仪定位精度测量**

　　激光干涉仪是一种自动化的测量定位精度的仪器，通过运行测量程序，对被测轴的实际位移进行测量，经软件处理可快速获得定位误差曲线及位置误差数据。图 5-33 所示为激光干涉仪定位精度测量示意图。

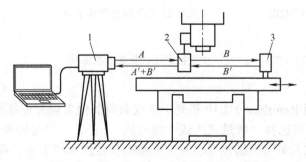

图 5-33　激光干涉仪定位精度测量示意图

1—激光器　2—干涉镜　3—反射镜

干涉镜 2 固定在主轴端，并保持主轴位置固定，激光器 1 与干涉镜的距离固定，反射镜 3 固定在工作台上，随工作台移动。激光器发射光 A 经干涉镜中的半反半透镜和反光镜后分为两路，一路为反射光 A'，另一路为透射光 B。透射光 B 经工作台上的反射镜产生反射光 B'，由于工作台的移动，造成反射光 B' 路程的变化，则 A' 光和 B' 光在干涉镜处发生光的干涉现象，产生明暗相间的条纹，激光器内部处理电路对条纹进行计数，从而获得工作台实际移动的距离，测量精度可达 0.1μm。激光干涉仪通过数据线与计算机连接，通过运行测量软件，获得定位误差曲线及位置误差数据。

数控系统执行测量程序，测量循环如图 5-34 所示。

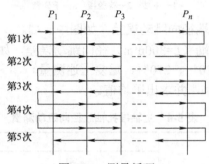

图 5-34 测量循环

以某数控铣床 X 轴线性测量循环为例，测量程序如下：

```
O0023;
N0020 G54 G91G01 X0. F1000;          //定位到第 1 测量点
    #1=0;
    #2=5;                            //5 次全行程循环
    #3=0;
    #4=20;                           //一次行程 21 个测量点
N0070 G04 X4.;
N0080 G01 X20.;                      //测量间隔 20mm
    G04 X4.;
    #3= #3+1;
    IF[#3NE#4]GOTO80;                //从第 1 点正向走到第 21 点
N0120 G04 X4.;
G01 X−20.;
    #3= #3−1;
    IF[#3 NE 0] GOTO120;             //从第 21 点负向走到第 1 点
G04 X4.;
    #1= #1+1;
    IF[#1 NE #2] GOTO 70;            //全行程正、负向 5 次循环
M30;
%
```

图 5-35 所示为用 Renishaw ML10 激光干涉仪获得的位置误差补偿数据。

其中，补偿类型可选择"增量式"或"绝对式"，正、负符号转换可选择"误差值"或"补偿值"。机床调试人员可根据位置误差补偿数据在数控系统上进行螺距误差补偿设定。激光干涉仪还附带有数据传输软件，可以将螺距补偿值直接传输到数控系统中，给系统补偿参数设定和调整带来方便。

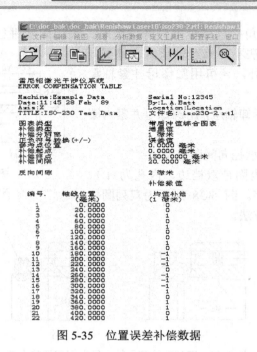

图 5-35 位置误差补偿数据

项目四 主轴机械调整及维护

任务 1 主轴滚动轴承间隙调整及配置

一、间隙调整和预紧

对滚动轴承进行适当的预紧，可以消除间隙，提高轴承的刚度、承载能力和旋转精度，但预紧过大会加剧轴承的磨损；另外，主轴部件经过一段时间的运行，轴承因磨损间隙会变大，就要重新调整间隙。

1. 角接触球轴承间隙调整和预紧

角接触球轴承在主轴上安装时，轴承内圈与轴的配合一般采用过盈量为 $1\sim5\mu m$ 的过盈配合，轴承外圈与主轴箱孔的配合则采用间隙为 $0\sim5\mu m$ 的间隙配合。

（1）成对角接触球轴承预紧　角接触球轴承成对使用时，有背对背、面对面和同心三种配置方式，如图 5-36 所示。在背对背或面对面方式中，通过修磨轴承内圈或外圈来调整轴承间隙，用圆螺母将它们并紧后即可实现预紧，以提高主轴传动精度和刚度。

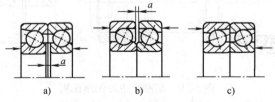

图 5-36　成对角接触球轴承间隙调整

a）外圈宽端面相对（背靠背）　b）外圈窄端面相对（面对面）　c）外圈宽窄端面相对（同心）

（2）隔套调整　当角接触球轴承分开安装时，采用隔套进行间隙调整和预紧，如图
5-37 所示。这种调整方法不必修磨轴承内、外圈，
只需修磨隔套长度。另外，还可用圆螺母并紧轴承
内圈来预紧。

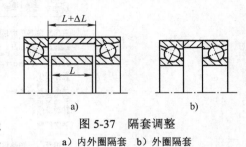

图 5-37　隔套调整
a）内外圈隔套　b）外圈隔套

这种调整方法不必拆卸轴承，用圆螺母并紧内圈
即可获得预紧力。

2．双列圆柱滚子轴承径向间隙调整

双列圆柱滚子轴承内圈带双挡边，内孔为 1:12
圆锥孔，径向间隙可调整。图 5-38 所示为双列圆柱
滚子轴承径向间隙调整方法。

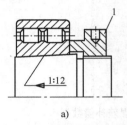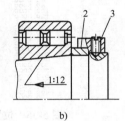

图 5-38　双列圆柱滚子轴承径向间隙调整方法
a）圆螺母调整　b）垫圈调整
1—螺母　2—垫圈　3—紧固螺钉

图 5-38a 中，轴承右端用圆螺母来控制调整量，调整方便；图 5-38b 中，用垫圈厚度来
控制调整量，并且垫圈做成两半，可取下修磨，紧固螺钉用来固定垫圈，防止垫圈工作时
脱落。

用圆螺母调整间隙和预紧方法方便简单，但圆螺母拧在主轴上后，其端面必须与主轴轴
线严格垂直，否则会把轴承压偏，影响主轴部件的旋转精度。造成轴承压偏的主要原因有：
主轴螺纹轴线与轴颈的轴线不重合；圆螺母端面与螺纹轴线不垂直等。

二、主轴轴承配置

主轴轴承配置主要取决于主轴转速和刚度的要求。

1．高刚度主轴轴承配置

高刚度主轴轴承配置如图 5-39 所示。

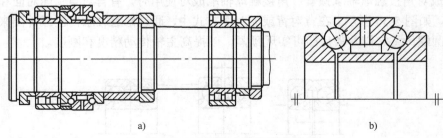

图 5-39　高刚度主轴轴承配置
a）轴承布置　b）双向推力向心轴承

这种配置形式适用于数控车床和卧式加工中心。主轴前支承由双列圆柱滚子轴承（承受

径向载荷）和双向推力向心球轴承（承受轴向载荷）组成，通过圆螺母进行轴向调隙和预紧；后支承采用双列圆柱滚子轴承，通过垫圈和圆螺母进行径向调隙。

2．高速主轴轴承配置

高速主轴轴承配置如图5-40所示。

前支承采用三个超精密级角接触球轴承组合方式，通过隔套和圆螺母进行轴向调隙和预紧；后支承采用两个角接触球轴承（图5-40a）时，通过垫圈和圆螺母进行轴向调隙和预紧，采用双列圆柱滚子轴承（图 5-40b）时，通过垫圈和圆螺母进行径向调隙。

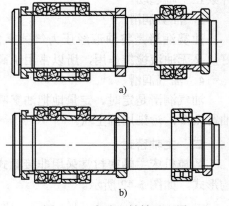

图 5-40　高速主轴轴承配置
a）组合形式一　b）组合形式二

任务 2　主轴部件润滑与密封

主轴部件的润滑与密封是机床使用和维护过程中值得重视的两个问题。良好的润滑效果可以降低轴承的工作温度，延长使用寿命；密封不仅要防止外部灰尘、油污及切削液等的进入，还要防止内部润滑油的泄漏。

一、主轴润滑

1．油脂润滑

油脂润滑是数控机床主轴轴承上最常用的润滑方式，特别是在前支承轴承上更是常用。主轴轴承油脂封入量通常为轴承空间容积的10%左右，勿随意填满，因为油脂过多会加剧主轴轴承发热。

2．油液循环冷却和润滑

油液循环润滑就是用较大流量的恒温油对主轴轴承进行冷却和润滑。图5-41所示为恒温油液循环冷却及润滑示意图。

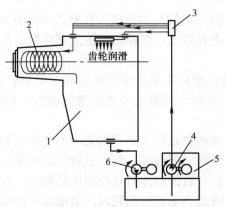

图 5-41　恒温油液循环冷却及润滑示意图

1—主轴箱　2—主轴端轴承循环冷却　3—分油器　4—出油泵　5—恒温自动控制油箱　6—回油泵

由恒温自动控制油箱控制的恒温油液经出油泵打到主轴箱，一路沿主轴支承套外圈上的螺旋槽流动，带走主轴轴承产生的热量；另一路通过主轴箱内的分油器把恒温油喷射到传动齿轮上,对齿轮进行润滑并带走所产生的热量,回流到主轴箱的油液由回油泵强制打到油箱中。数控系统对恒温自动控制油箱的油温、流量和油压等进行监控,一旦超标即产生报警,并禁止主轴起动。

3.油雾润滑

油雾润滑是将油液经压力气体雾化后从喷嘴喷到需润滑的部位。由于雾状油液吸热性好,又无油液搅拌作用,所以常用于高速主轴轴承的润滑,但油雾容易吹出,污染环境。

4.油气润滑

油气润滑是定时、定量地把油雾喷进轴承空隙中,这样既实现了油雾润滑,又不至于因油雾太多,污染周围空气。

二、主轴密封

数控机床主轴密封常采用非接触式密封,包括间隙密封、迷宫式密封和甩油式密封等结构形式,如图5-42所示。

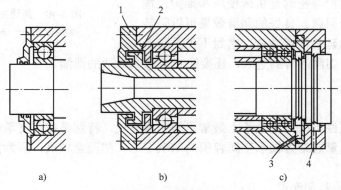

图5-42　非接触式密封

a)间隙密封　b)迷宫式密封　c)甩油式密封

1—固定迷宫密封件　2—旋转迷宫密封件　3—回油斜孔　4—泄漏孔

(1)间隙密封　间隙密封时,轴与轴承盖的孔壁之间留有0.1~0.3mm的缝隙,对使用油脂润滑的轴承具有一定的密封效果。有些轴承盖上有环槽,在槽中填以润滑脂,可以提高密封效果。

(2)迷宫式密封　迷宫式密封由旋转密封件和固定密封件之间的曲折缝隙所形成,有轴向和径向两种结构形式,适用于油脂或油液润滑的密封。缝隙中填入润滑脂,可增加密封效果。

(3)甩油式密封　甩油式密封适用于卧式加工中心主轴或数控车床主轴密封。主轴前端有齿形环槽,轴承油雾润滑或油气润滑时,利用主轴转动的离心力经齿形环槽把向外流失的油沿径向甩到端盖的空腔内,油液经回油斜孔流回主轴箱内;同样地,当外部切削液等侵入时,也利用齿形环槽把切削液甩到端盖的空腔内,由泄漏孔排除。

很多情况下,主轴密封是几种密封方法的组合。

例5-7　图5-43所示为某数控车床主轴组合密封结构。

该主轴密封油由4级组成。第1级由端盖3和防溅罩组成,端盖3、防溅罩与轴之间采用迷宫式密封;第2级由主轴上的环形槽、排水腔和出水孔组成,外部侵入的液体经环形槽甩到排水腔，由出水孔流出；第 3 级由径向迷宫式密封、集水腔和出水孔等组成，经过迷宫式密封泄漏的液体经集水腔和出水孔流出；第 4 级由端盖 4 构成间隙密封，端盖 4 还起挡油环的作用，由第 3 级密封向第 4 级密封泄漏的液体还可经第 4 级出水孔流出。

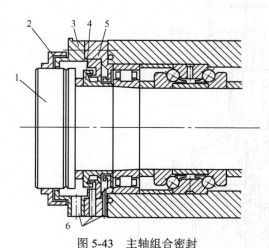

图 5-43 主轴组合密封

1—主轴 2—防溅罩 3—端盖 *A* 4—迷宫式动环 5—端盖 *B* 6—出水孔

任务 3 加工中心主轴

图 5-44 所示为立式加工中心主传动组成及主轴部件，图 5-45 所示为加工中心主轴部件结构。

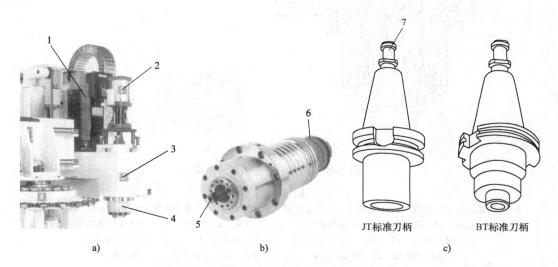

图 5-44 立式加工中心主传动组成及主轴部件

a）主传动组成 b）主轴外观 c）刀柄

1—主轴电动机 2—松紧刀气缸 3—主轴箱 4—主轴

5—端面键 6—同步带轮 7—刀柄拉钉

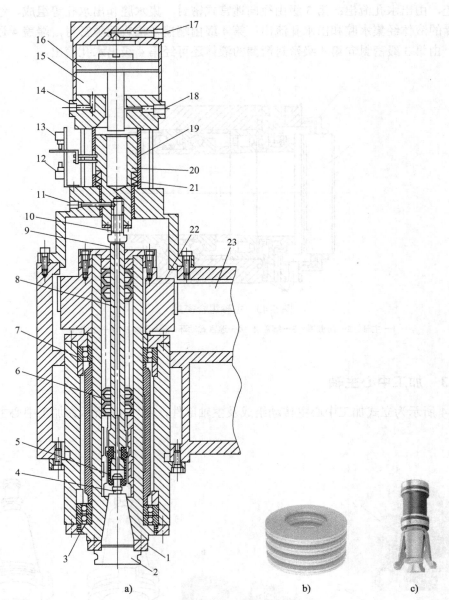

图 5-45　加工中心主轴部件结构

a）结构　b）碟形弹簧　c）卡爪

1—主轴端面键　2—刀柄　3—前端轴承　4—刀柄拉钉　5—弹性卡爪　6—碟形弹簧　7—后端轴承　8—喷气孔
9—拉杆　10—通孔螺钉　11—主轴吹气孔　12—刀具松开检测开关　13—刀具夹紧检测开关
14—气缸气孔 A　15—气缸　16—气缸活塞　17—气缸气孔 B　18—液压缸加油孔（接油杯）
19—液压缸　20—液压缸活塞　21—复位弹簧　22—主轴带轮　23—同步带

　　立式加工中心主轴采用一级带传动方式，由主轴电动机通过同步带 23 带动主轴转动。主轴部件直接安装在主轴箱上，主轴箱上还安装有松紧刀气缸，与主轴部件后端相连。从主轴支承方式来看，前支承采用两个背靠背安装的角接触球轴承 3，后支承采用单个球轴承 7；轴承采用油脂润滑，非接触式沟槽密封。

主轴采用 7:24 锥孔，与 JT 或 BT 标准的刀柄 2 配合；刀柄上的键槽与主轴端面键 1 配合，实现径向定位和固定；刀柄后端上的拉钉 4 与主轴中的弹性卡爪 5 配合，实现刀柄的夹紧或松开。

主轴内部刀具自动夹紧机构是加工中心主轴特有的机构，在数控系统 PMC 的控制下，刀柄可以在主轴中自动夹紧和松开。换刀时，气缸活塞 16 下移，通过液压缸 19（起缓冲和增压作用）活塞下移，液压缸活塞 20 上的通孔螺钉 10 推动拉杆 9 向下移动，一方面，碟形弹簧 6 被压缩，另一方面，拉杆前端的弹性卡爪向前伸出一段距离后，在弹性力的作用下，卡爪自动松开拉钉，当刀具松开检测开关 12 接通后，允许机械手从主轴中拔刀。与此同时，压缩空气从进气孔 11 进入，经通孔螺钉从拉杆前端喷出，一方面在拔刀前松动一下刀柄，便于拔刀；另一方面，在拔刀结束后吹掉主轴锥孔的内脏物。当机械手将新刀柄装入主轴锥孔后，电磁阀动作，气缸活塞复位，同时拉杆在碟形弹簧的作用下复位，拉杆端部的弹性卡爪将刀柄上的拉钉夹紧，当刀具夹紧检测开关 13 接通时，完成主轴刀具夹紧控制。

任务 4　主轴维护

数控机床主轴机械维护的重点是润滑和密封等方面的内容，包括如下几点：

1）当主轴采用油液循环润滑时，要注意观察主轴箱温度，检查主轴润滑恒温油箱，调节好温度范围；定期更换润滑油，并清洗过滤器。

2）经常检查轴端及各处密封，防止润滑脂或润滑油泄漏。

3）对于带传动的主轴系统，需定期检查主轴传动带的松紧程度，观察传动带上是否有油污，以防传动打滑。

4）对数控车床主轴，要定期检查主轴后端与主轴编码器连接的同步带是否完好，松紧程度是否合适，以及编码器连接处是否松动等，以防主轴转速及角位移的检测出现误差，造成螺纹切削"乱牙"等故障。

5）对加工中心主轴，刀具夹紧装置长期使用后，活塞杆与主轴中拉杆间的间隙会加大，造成拉杆位移量减少，碟形弹簧伸缩量不足，影响刀具的夹紧。应定期检查活塞杆的位移量，及时调整通孔螺钉，使拉杆的位移量在合理的范围内。另外，要经常检查压缩空气的压力，并调整到标准值，因为只有足够的气压才能使主轴锥孔表面上的切屑和灰尘清理彻底。

项目五　换刀装置故障诊断

任务 1　数控车床四方电动刀架故障诊断

一、结构及动作过程

图 5-46 所示为普通数控车床中常用的 4 工位电动刀架。

该电动刀架采用蜗杆传动、上下齿盘啮合、螺杆夹紧的工作原理，同时用霍尔开关检测换刀刀位。其工作过程包括刀架抬起、刀架转位、刀架定位和夹紧。

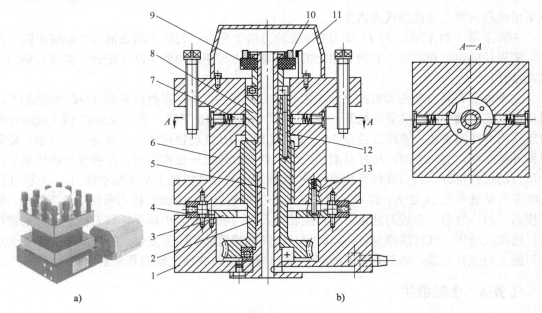

图 5-46　4 工位电动刀架

a) 外观　b) 内部结构

1—刀架底座　2—蜗轮螺杆　3—定位盘　4—端面齿盘　5—空心主轴　6—刀架体　7—球头销
8—转位套　9—发信盘　10—霍尔开关　11—磁钢　12—圆柱销　13—定位销

1. 刀架抬起

当数控系统发出换刀 T 指令后，刀架电动机正转起动，通过联轴器使螺杆转动。蜗轮与螺杆为整体结构，即为蜗轮螺杆 2，其绕空心主轴 5 旋转；螺杆外螺纹与刀架体 6 的内螺纹配合，当蜗轮螺杆转动时，由于刀架底座 1 和刀架体上的两端面齿盘 4 还处在啮合状态，且螺杆轴向固定，所以此时刀架体抬起，从而完成刀架抬起动作。

2. 刀架转位

当刀架体抬起到一定距离后，端面齿脱开。转位套 8 用圆柱销 12 与螺杆连接，随螺杆一起转动，当端面齿完全脱开时，球头销 7（离合销）在弹簧的作用下进入转位套的凹槽中。随着螺杆和转位套继续转动，转位套通过球头销带动刀架体转位，刀架体转位的同时也带动磁钢 11 同步转位，与发信盘 9 上的霍尔开关 10 配合进行刀位检测。

3. 刀架定位和夹紧

当霍尔开关检测到的实际刀位与指令刀位相一致时，表示刀架已转到位，此时电动机立即停止并开始反转，反转时间由数控系统 PMC 的定时器设定。螺杆带动转位套反转，球头销从转位套的凹槽中被挤出，定位销 13（反靠销）在弹簧的作用下进入定位盘 3 的凹槽中。由于定位销的限制，刀架体不能转动，只能在当前位置下降，刀架体和刀座上的端面齿盘啮合，实现精确定位。电动机继续反转，刀架体继续下降开始夹紧。反转定时时间到，电动机停止，刀架体和刀座上两个端面齿盘保持一定的夹紧力，从而夹紧刀架。

二、常见故障及诊断

1. 每次换刀时刀架夹紧不到位

故障原因有：①刀架电动机反转控制时间调整不到位；②电动刀架机械调整不到位；③磁

钢与霍尔开关对应位置不正确；④霍尔开关电源或电源线不良。

2．换刀时刀架一直转

故障原因有：①霍尔开关与磁钢对应位置不正确，使得霍尔开关检测不到刀位信号；②霍尔开关电源或电源线不良，使得霍尔开关失灵。

3．换刀时某个刀号不能执行正常换刀控制

故障原因有：①检测该刀号的霍尔开关不良；②霍尔开关电源或电源线不良；③该刀号霍尔开关对应的数控系统 PMC 输入接口不良，使得数控系统接收不到该刀号位的信号。

4．换刀时刀架不转或卡死

故障原因有：①电动机故障；②球头销（离合销）断裂；③定位销（反靠销）断裂；④球头销或定位销的弹簧断裂；⑤转位套与蜗轮螺杆连接的圆柱销断裂；⑥螺杆支承轴承损坏等。刀架卡死会导致刀架电动机过载。

例 5-8 某数控车床四方电动刀架在执行 T02 指令时，出现刀架在 2 号刀位停不下来的故障。

故障分析：

根据故障特征，初步判断 2 号刀位可能存在以下问题。

1）霍尔开关位置与磁钢对应位置不准。

2）霍尔开关电源或电源线不良。

3）霍尔开关本身故障。

电动刀架刀位检测示意图如图 5-47 所示。

空心主轴 3 上部固定有发信盘 2，发信盘上安装有 4 个霍尔开关 4，每个霍尔开关对应一个刀位号，刀架体 1 上安装有磁钢 5，随刀架一起转动。当磁钢与指令刀号所对应的霍尔开关相对时，霍尔开关发出信号，表示实际刀号已转到指令刀号，刀架转位完成。否则，刀架继续转动。

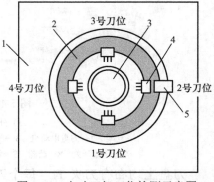

图 5-47 电动刀架刀位检测示意图
1—刀架体 2—发信盘 3—空心主轴
4—霍尔开关 5—磁钢

霍尔开关为三端元件，分别是接地（GND）、输出（OUT）和电源（DC+24V）。通常情况下，霍尔开关无信号时输出为+24V，有信号时输出为 0V。霍尔开关引出线经刀架的空心主轴引出到机床外部的接线盒中。

故障诊断：

1）卸掉发信盘防护罩，检查磁钢与 2 号刀位霍尔开关相对位置，结果正常。

2）用万用表测各刀位霍尔开关电源电压，发现 2 号刀位霍尔开关电源电压只有 16V，且无磁钢对应时输出信号为 0V，初步判断 2 号刀位霍尔开关信号线有短路故障。

3）进一步检查发现，X 轴丝杠后端下面的接线盒内有切削液，这是造成短路故障的原因。

故障排除：

机床断电，清理接线盒中的切削液，烘干接线处，用防水胶带包扎接头处。重新开机进行换刀试验，故障消除。

任务 2　立式加工中心斗笠式刀库故障诊断

一、结构及动作过程

斗笠式刀库用于立式加工中心的自动换刀，安装在机床立柱上，其外观及结构组成如图 5-48 所示。

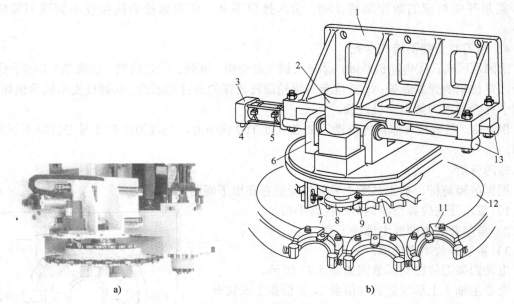

图 5-48　斗笠式刀库外观及结构组成
a）外观（卸掉防护罩后）　b）结构组成
1—支架　2—刀盘电动机　3—气缸　4—刀盘复位检测开关　5—刀盘伸出检测开关　6—滑座
7—计数开关　8—凸轮　9—滚子　10—分度槽轮　11—刀夹　12—刀盘　13—圆柱导轨

刀盘上均布有刀夹 11，每个刀夹对应一个刀座号，用于夹持刀柄，刀具编号与刀座号相对应；整个刀盘 12 通过滑座 6 悬挂在刀库支架上的两根圆柱导轨 13 上，刀库支架上安装有气缸 3，气缸活塞与滑座连接，活塞伸出或缩回，从而带动刀盘伸出或缩回，伸出或缩回的限位由安装在气缸上的磁敏开关 4、5（有些刀库在支架上安装有行程开关或接近开关）进行抓刀和回原位的控制；刀盘上部连体安装有分度槽轮 10，刀盘电动机带动凸轮 8 转动，并使滚子 9 绕电动机轴线回转，滚子与分度槽轮配合，凸轮每转过一周，分度槽轮即带动刀盘转过一个刀座，同时计数开关通断一次，数控系统 PMC 对输入的计数开关信号进行计数，经 PMC 控制，判断指令刀具对应的刀座是否已转到换刀位置。

斗笠式刀库无需机械手交换刀具，通过和主轴箱及主轴松紧刀机构的联动实现换刀，其换刀动作过程如下：

1）数控系统得到换刀指令后，主轴自动返回到换刀点，同时主轴实现准停控制。

2）刀盘旋转，将与当前主轴上刀具号（设为旧刀具）对应的刀座号转到换刀点。

3）刀盘从原位由气缸活塞推出，当刀夹抓住主轴上旧刀具时，抓刀到位开关接通，表示抓刀完成。

4）主轴松紧刀气缸动作，主轴中旧刀具松刀，且对主轴锥孔吹气，当主轴松刀到位开关接通时，表示松刀完成。

5）主轴上移，主轴中旧刀具留在刀夹上，拔刀完成。

6）刀库再次旋转，将指令刀具（设为新刀具）对应的刀座号转到换刀点，选刀完成。

7）主轴再次下移至换刀点，新刀具插入主轴锥孔中，换刀完成。

8）主轴松紧气缸动作，新刀具在主轴中紧刀，当主轴紧刀到位开关接通时，表示紧刀完成。

9）刀盘气缸活塞缩回，当刀库复位开关接通时，换刀过程结束。

二、常见故障及诊断

1．刀库乱刀故障

故障原因有：①刀库计数开关故障使指令刀号与实际刀号不符；②操作者在刀库装刀过程中装刀混乱，使得刀座号与刀具号不一一对应。

2．换刀过程中出现撞刀故障

故障原因有：①主轴换刀点位置不正确，使得主轴换刀点与刀库换刀点不在同一平面上，刀座上的卡爪不能顺利地卡住刀柄上的梯形槽产生碰撞；②主轴准停位置不正确，使得卡爪抓刀时，卡爪上的定位键不能与刀柄上的键槽相配合，产生碰撞。

3．自动换刀过程没有完成故障

故障现象有：①刀盘有抓刀动作但主轴无拔刀动作；②主轴有插刀动作但刀盘无缩回动作等。上述故障现象均与动作条件未满足有关，如松紧刀到位开关故障、复位开关或抓刀刀位开关故障，以及气动系统故障等。

4．主轴松紧刀动作不执行或动作缓慢故障

故障原因有：①气动系统压力不正常，如气路或气缸漏气，调压阀不良等，压力太低导致松紧刀气缸活塞不能推动主轴中的拉杆；②气动电磁阀及控制电路故障，导致气缸没有动作；③主轴组件中的碟形弹簧不良；④气缸活塞上的通孔螺钉调整不当，使得拉杆没达到有效行程。

例 5-9 某立式加工中心采用斗笠式刀库，执行换刀指令进行自动换刀时，出现卡爪抓住主轴刀具后无拔刀的故障。

故障分析及诊断：

根据斗笠式刀库的换刀过程，要进行拔刀动作，首先要完成抓刀和松刀的动作，其标志是抓刀和松刀到位开关应答信号。现刀夹已抓住主轴刀具，应检查以下几个部位：

1）抓刀到位开关是否有故障。检查结果为正常。

2）松紧刀气缸是否有动作。检查结果为正常。

3）松刀到位开关是否有故障。检查发现开关位置有偏移，造成松刀到位无检测信号，数控系统因为没有接收到该信号，故禁止拔刀动作的信号输出，产生有抓刀动作但无拔刀的故障现象。

故障排除：

调整松刀到位开关的位置，拔刀动作恢复正常。

项目六　数控机床气动和液压系统维护及故障诊断

任务1　气动系统维护及故障诊断

一、气动系统控制对象

气动系统常用在加工中心上的主轴松紧刀、主轴锥孔吹气、斗笠式刀库伸出和缩回，以及防护门的控制等。气动系统通常由气源、气源处理装置、换向阀、节流阀、单向阀及气缸等组成。图5-49所示为配置斗笠式刀库的加工中心气动系统组成，请读者自行分析松紧刀气缸和刀库气缸的动作过程。

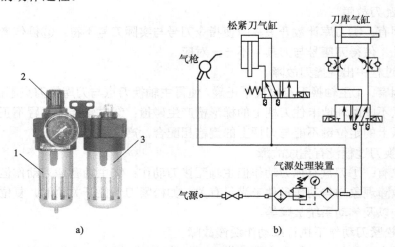

图5-49　加工中心气动系统组成

a）气源处理装置　b）气动控制
1—过滤器　2—减压阀　3—油雾器

二、气动系统维护

1. 保证供给洁净的压缩空气

压缩空气中含有水分、油分和粉尘等杂质，通过气源处理装置中的过滤器可改善压缩空气的品质。应及时排出过滤器的积液。

2. 保证空气中含有适量的润滑油

气动元件要求有适度的润滑，一般采用油雾器进行喷雾润滑，油雾器一般安装在过滤器和减压阀之后。检查润滑是否良好的一个简单方法是找一张清洁的白纸放在换向阀的排气口附近。若换向阀在工作3~4个循环后，白纸上只有很轻的斑点，表明润滑是良好的。

3. 保持气动系统的密封性

管接头松动或损伤、气动元件密封件磨损等均会造成气动系统的漏气，引起气动系统压力降低、气缸速度不稳定等现象。对可疑的漏气处，可以用涂抹肥皂水的办法进行检查。

例5-10　某立式加工中心自动换刀时，出现主轴松刀动作缓慢的故障。

故障分析：

根据立式加工中心主轴部件结构及气动原理，主轴松刀动作缓慢的原因有①主轴内部的松紧刀机构有故障，如碟形弹簧破损等；②气动系统压力太低或流量不足；③主轴松紧刀气缸故障。

故障诊断：

1）首先检查气动系统的压力，压力表显示气压在正常范围内。

2）手动控制主轴松刀，压力表读取数明显下降，主轴松刀动作缓慢说明气动系统有漏气。

3）在气缸行程到末端时，检查电磁阀的排气口是否有漏气，结果无漏气现象，说明电磁阀正常。拆下气缸，打开端盖，取出活塞和密封环，发现密封环损坏，气缸内部拉毛，由此造成气缸内部漏气。

故障排除：

更换新的气缸和活塞，主轴松刀动作正常。

任务 2　液压系统维护及故障诊断

一、控制对象

数控机床的很多动作都是由液压传动来实现的，如数控车床中的液压卡盘、液压尾座、转塔刀架的液压夹紧松开，以及主轴箱齿轮液压换挡等；加工中心中的刀柄液压夹紧松开、液压换刀机械手、主轴箱液压平衡、主轴箱齿轮液压换挡，以及回转工作台的夹紧和松开等。数控机床液压系统通常由液压泵、溢流阀、减压阀、单向阀、节流阀、电磁换向阀、液压缸或液压马达等组成，图5-50所示为某数控车床液压工作站。

图 5-50　数控车床液压工作站

1—油箱　2—液压泵电动机　3—冷却装置　4—控制阀

在数控机床中，数控系统主要控制电磁换向阀线圈的通、断电，使液压缸执行规定的动作，动作到位与否由开关进行检测，如行程开关、接近开关及压力开关等。动作的执行有两种方式：一是手动操作方式，通过机床操作面板上的控制按钮，经数控系统控制使电磁换向阀线圈通电或断电；二是自动操作方式，数控系统通过执行 M 代码指令使电磁换向阀线圈通电或断电。

二、维护及故障诊断

1. 防止油液污染

统计表明，液压系统的很多故障是油液污染引发的。油液污染会造成管路堵塞，加速液压元件的磨损等。表5-7为液压系统污染源及控制措施。

表5-7　液压系统污染源及控制措施

污　染　源		控　制　措　施
残留污染物	液压元件加工装配的残留污染物	各个加工工序后进行清洗；元件装配后清洗，要求达到规定的清洁度；对受污染的元件在装入系统前进行清洗
	管件、油箱的残留污染物和锈蚀物	系统组装前对管件和油箱进行清洗（包括酸洗和表面处理），使之达到规定的清洁度
	系统组装过程中的残留污染物	系统组装后进行循环清洗，使之达到规定的清洁度
外界侵入污染物	更换和补充油液	对清洁度不符合要求的新油，使用前必须过滤，新油的清洁度一般应高于系统油液允许的清洁度1~2级
	油箱呼吸孔	采用密闭油箱，装设空气过滤器，其过滤精度一般应不低于系统中的精过滤器；对于要求控制空气中水分侵入的情况，可装设吸水或阻水空气过滤器
	液压缸活塞杆	采用可靠的活塞杆防尘密封，加强对密封的维护
	维护和检修	保持工作环境和工装设备的清洁；彻底清除维修中残留的清洗液或脱脂剂；维修后循环过滤，清洗整个系统
	侵入水	油液除水处理
	侵入空气	排放空气或脱气处理，防止将油箱内油液中的气泡吸入液压泵内
内部生成污染物	元件磨损产物	选用耐污染磨损、污染生成率低的元件；合理选择过滤器，滤除尺寸与关键元件运动副油膜厚度相当的颗粒物，防止磨损的链式反应
	油液氧化分解产物	选用化学稳定性良好的工作液体；去除油液中的水和金属微粒；控制油温，延缓油液的氧化；对于油液氧化产生的胶状黏稠物，可采用静电净油法处理

2. 防泄漏

除了油液温升引起的内外泄漏，液压密封件老化、易损元件磨损等均会造成液压系统的内外泄漏，如液压缸活塞或活塞杆上的密封件磨损或损伤，以及油路管接头漏油等。

（1）密封　液压系统密封常用O形密封圈和唇形密封圈，如图5-51所示。O形密封圈是一种圆环形的密封元件，常用的截面形状为圆形，特殊的有星形截面、方形截面及异形截面，一般O形密封圈用合成橡胶制造，专用的用金属或其他非橡胶材料制造，通过挤压变形达到密封的目的。O形密封圈常用于静密封（图5-51a），如液压缸前后端盖的密封，也可用于往复运动的密封（图5-51b）。O形密封圈一般安装在外圆或内圆上截面为矩形的沟槽内。唇形密封圈是一种其唇边受流体压力作用后与被密封面接触而形成可靠密封的元件，主要用于往复运动的密封，如液压缸活塞或活塞杆密封；唇形密封圈根据截面形状有V形密封圈、Y形密封圈、L形密封圈、U形密封圈等类型，其中Y形密封圈（图5-51c）和V形密封圈是最常用的唇形密封圈。V形密封圈组成的密封装置由压环、V形密封圈和支承环三部分组成。V形密封圈使用一段时间后唇边会磨损，为保证其密封性能的持久性，须及时调整其压力，一般采用螺钉加调整垫片来调整，如图5-51d所示。V形密封圈和Y形密封圈的开口要迎向压力来的方法，更换时要注意不能放错。

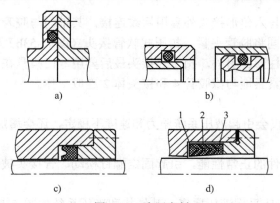

图 5-51　液压密封

a）O 形密封圈静密封　b）O 形密封圈动密封　c）Y 形密封圈　d）V 形密封圈
1—支承环　2—V 形密封圈　3—压环

（2）管接头　在液压系统中，小直径的油管普遍采用管接头连接方式。管接头的形式除直接影响连接强度外，其密封性能是影响外渗漏的重要原因。目前用于硬管连接的管接头主要有卡套式、扩口式和焊接式，用于软管连接的主要是软管接头。当被连接件之间存在旋转或摆动时，可选用中心回转接头或活动铰接式管接头。图 5-52 和图 5-53 所示分别为硬管接头和软管接头结构示意图。

卡套式管接头（图 5-52a）由接头体 1、接头螺母 2 和卡套 3 组成。当螺母和接头体拧紧时，利用卡套的弹性变形，使卡套端部刃口切入被连接管壁，达到连接和密封的目的。扩口式接头（图 5-52b）由接头体 1、接头螺母 2 和套管 5 组成。当螺母和接头体拧紧时，螺母把带有内锥孔的套管 5 连同喇叭形接管 4 压紧在接头体的锥面上，达到密封的目的。

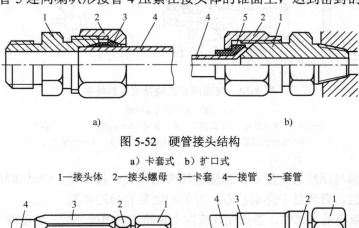

图 5-52　硬管接头结构

a）卡套式　b）扩口式
1—接头体　2—接头螺母　3—卡套　4—接管　5—套管

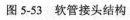

图 5-53　软管接头结构

a）可拆式　b）扣压式
1—接头螺母　2—接头体　3—外套　4—胶管

在可拆式软管接头（图 5-53a）中，六角形接头外套 3 内表面呈锯齿形，与胶管 4 外表面接触，锥形接头体 2 与六角形接头外套用螺纹连接，其锥面与胶管内表面接触，锥形接头体与六角形接头外套共同将胶管夹紧。扣压式软管接头（图 5-53b）的结构与可拆式管接头类似，但其外套 3 是圆柱形。另外，扣压式接头最后要用专门模具在压力机上对外套进行挤压收缩，使外套变形后紧紧地与橡胶管 4 和接头体 2 连成一体。

3．控制油液温升

若油温变化大，不仅会引起液压系统压力和速度不稳定，还会增加液压元件的内外泄漏。

4．防振

振动会影响液压元件的正常性能，引起固定螺钉松动、管接头破裂等现象，因此要采取必要的隔振措施。

例 5-11　某数控车床采用液压尾座，其结构和液压系统如图 5-54 所示。套筒顶尖在顶紧工件过程中机床停机，不能进行下一步的动作。

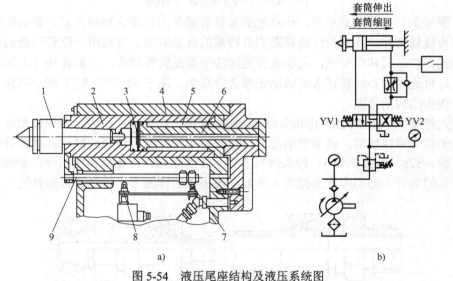

图 5-54　液压尾座结构及液压系统图

a）结构　b）液压系统图

1—顶尖　2—套筒　3—前油腔　4—尾座　5—后油腔　6—活塞杆
7—套筒缩回限位开关　8—套筒伸出限位开关　9—行程杆

故障分析：

顶尖通过锥柄与尾座套筒配合，尾座套筒带动顶尖一起伸缩。手动调整时，三位四通电磁阀失电处于中位，套筒处于浮动状态，可手动调整套筒的伸缩。

在脚踏开关或自动方式中，当数控系统发出套筒伸出的指令后，电磁阀线圈 YV1 得电，电磁阀处于左位，压力油通过活塞杆的内孔进入套筒液压缸的前油腔，尾座套筒伸出，直到顶尖顶住工件，顶尖顶住工件的压力保持由减压阀来调节，同时压力开关接通，发出工件已顶紧的信号；当数控系统发出套筒缩回的指令后，电磁阀线圈 YV2 得电，电磁阀处于右位，压力油进入套筒液压缸的后油腔，尾座套筒缩回。套筒伸出和缩回的限位由各自的限位开关保护。

故障诊断：

1）检查液压系统压力表读数，结果压力在正常范围内，表明液压泵输出压力及减压阀压力整定正常，管路无泄漏。

2）顶尖已顶住工件，表明电磁换向阀动作正常。机床不能进行下一步的动作，说明顶尖顶紧工件的压力尚未满足，而这一信号是由压力开关发出的，初步判断压力开关有问题。

3）进一步检查压力开关，发现损坏，造成尾座套筒顶尖实际已顶紧工件并符合顶紧压力，但数控系统因未收到压力开关发出的顶紧信号，认为顶尖还没有顶紧工件，为安全起见，系统禁止机床的下一步动作。

故障排除：

更换新的压力开关，调整好动作压力，通电试机，尾座顶住工件后能进行下一步的动作。

拓展阅读1 　　　　　**数控车床转塔刀架**

在斜床身数控车床中，多采用电动转塔刀架。转塔头刀座中安装有不同切削用途的车刀，通过转塔头的旋转分度定位实现自动换刀功能。

1. 结构特点

图 5-55 所示为电动转塔刀架外观及结构图。

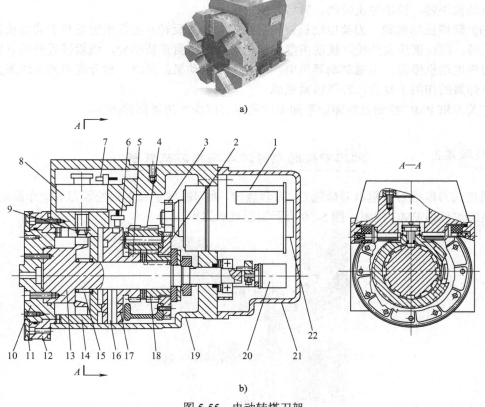

图 5-55　电动转塔刀架

a）外观　b）结构

1—刀塔电动机　2—齿轮　3—电动机齿轮　4—行星齿轮　5—空套齿轮　6—锁紧接近开关　7—预分度到位接近开关
8—预分度电磁铁　9—插销　10—刀塔　11—挡圈　12—定齿盘　13—分度主轴　14—动齿盘　15—弹簧
16—滚轮架　17—滚轮　18—驱动齿轮　19—箱体　20—绝对式编码器　21—后盖　22—刀塔电动机电磁制动器

该电动转塔刀架的特点如下：

1）采用行星齿轮减速机构，转塔通过端齿盘精确定位。

2）转塔无需抬起即可实现松开和锁紧控制，并可双向回转和就近选刀。

3）转塔分度由绝对式编码器进行检测，转塔定位和锁紧由接近开关发出信号。

2．换刀过程

电动转塔刀架换刀经历转塔松开、转塔分度和转塔锁紧等过程。

（1）转塔松开　执行 T 指令后，刀塔电动机电磁制动器 22 得电松开，电动机 1 按选刀最短路径规定的方向旋转，通过一对齿轮带动行星齿轮 4 旋转。由于此时定齿盘 12 和动齿盘 14 尚未脱开，转塔还处于锁紧状态，驱动齿轮 18 不动，行星齿轮只能带动空套齿轮 5 转动，空套齿轮再带动滚轮架 16 使动齿盘后面的凸轮松开，在弹簧 15 的作用下，动齿盘向后移动，脱开定齿盘，转塔松开完成。

（2）转塔分度　滚轮架受到动齿盘后面键槽的限制而停止转动，而驱动齿轮通过行星齿轮带动转塔主轴对转塔头进行转位分度，绝对式编码器 20 输出与刀座号相对应的二进制码。当转到目标刀座前一刀座位置时，预分度电磁铁 8 的线圈得电，插销 9 伸出；转塔继续转动，当目标刀座到达换刀位置时，插销插入转塔主轴凹槽中，预分度到位接近开关 7 发出信号，刀塔电动机停转，转塔停止转动，转塔分度完成。

（3）转塔反靠锁紧　刀架电动机停转后经延时开始反转，经行星齿轮和空套齿轮带动滚轮架反转，滚轮架压紧凸轮，使动齿盘向前移动，动齿盘重新啮合，锁紧接近开关 6 发出信号，刀塔电动机停转，电磁制动器失电，锁紧刀架电动机；同时，预分度电磁铁线圈失电，插销在弹簧的作用下复位，转塔锁紧完成。

有关刀塔 PMC 控制及故障诊断知识参见本书模块六拓展阅读内容。

拓展阅读2　加工中心圆盘式刀库及换刀机械手

圆盘式刀库换刀过程由刀盘选刀、刀套翻转、换刀机械手和主轴松紧刀等动作联动实现，整个换刀过程由 PMC 控制。图 5-56 所示为圆盘式刀库。

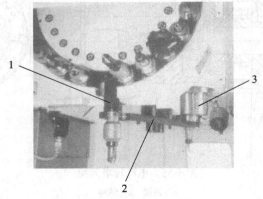

图 5-56　圆盘式刀库

1—刀套　2—机械手　3—主轴

圆盘式刀库由刀盘电动机、回转刀盘、分度机构和刀套及翻转机构等组成，刀盘电动机通过分度机构带动回转刀盘转动，刀套通过支架固定在回转刀盘上，随刀盘一起转动。

1．选刀

执行 T 指令时，系统首先判断刀库里有无此刀具，若没有，则系统发出 T 指令错误报警；另外，还要判别所选刀具是否在主轴上，若已在主轴上，则完成换刀控制。判断不是前两种情况后，再判别所选刀具在刀库中的具体位置。如果所选刀具就在当前换刀位置，刀盘电动机不动作，等待机械手交换刀具；如果所选刀具不在换刀点位置，系统判别所选刀具所在的当前位置转到换刀位置的最短路径及步距数，输出控制信号使刀盘电动机正转或反转，并且每转过一个刀套，刀盘上的计数开关动作一次。当所选刀具转到换刀位置时，刀盘电动机制动停止，完成 T 指令的选刀控制。

2．刀套翻转

因为刀库中刀具轴线垂直于主轴中刀具轴线，因此，换刀前需将刀套向下翻转 90°，使导套中刀具轴线与主轴中刀具轴线平行；换刀后再将刀套向上翻转 90° 复位。图 5-57 所示为刀套翻转示意图。

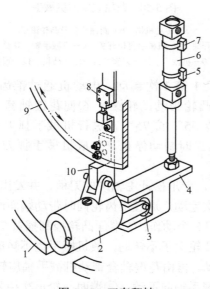

图 5-57　刀套翻转

1—滚道　2—刀套　3—滚子　4—拨叉　5—刀套复位检测开关　6—气缸
7—刀套向下翻转检测开关　8—计数开关　9—转盘　10—支架

当所选刀具所在刀套 2 转到换刀位置时，刀套后部的滚子 3 进入到拨叉 4 内，气缸前腔进气，活塞上移并带动拨叉使刀套绕销轴向下翻转 90°，刀套向下翻转检测开关 7 发出信号；气缸后腔进气时，活塞下移并带动拨叉使刀套向上翻转 90°，刀套复位检测开关 5 发出信号。

3．凸轮式换刀机械手

凸轮式换刀机械手和主轴松紧刀配合能连续实现抓刀、拔刀、交换和插刀的动作，其结构示意图如图 5-58 所示。

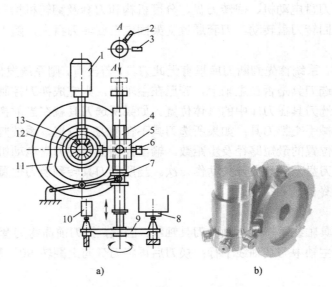

图 5-58　凸轮式换刀机械手

a）传动机构　b）圆柱凸轮及凸轮滚子

1—机械手电动机　2—抓刀到位开关　3—机械手复位开关　4—机械手轴（花键轴）　5—花键轴套　6—凸轮滚子
7—摇臂　8—主轴　9—机械手　10—刀套　11—端面凸轮　12—圆柱凸轮　13—锥齿轮

1）抓刀。机械手电动机 1 第 1 次起动，电动机通过锥齿轮 13 同时带动端面凸轮 11 和圆柱凸轮 12 旋转，圆柱凸轮带动凸轮滚子 6 使花键轴套 5 旋转，花键轴套再带动机械手轴 4 由原位逆时针旋转 65°或 75°，进行机械手抓刀动作。当机械手抓刀到位开关 2 接通时，机械手电动机立即制动停止，完成机械手抓刀控制。在此期间，机械手轴向不动。

2）主轴松紧刀机构动作，卡爪松开主轴中的刀柄，并发出主轴松开到位信号。

3）机械手电动机第 2 次起动，通过锥齿轮同时带动端面凸轮和圆柱凸轮旋转，机械手轴顺序执行拔刀、交换和插刀 3 个动作：①端面凸轮控制摇臂 7 摆动，使机械手轴向下运动，实现拔刀动作，在此期间，凸轮滚子不转动，故机械手也不转动；②拔刀结束，圆柱凸轮通过凸轮滚子带动花键轴套转动，再由花键轴套带动机械手轴旋转 180°，实现刀具交换动作，在此期间，摇臂不摆动，机械手轴向不动；③端面凸轮再次控制摇臂摆动，使机械手轴向上运动，实现插刀动作，在此期间，凸轮滚子不转动，故机械手也不转动。当抓刀到位开关再次接通后，机械手电动机立即制动停止。

4）主轴松紧刀机构动作，卡爪夹紧主轴中的刀柄，并发出主轴夹紧到位信号。

5）机械手电动机第 3 次起动，圆柱凸轮带动凸轮滚子使花键轴套旋转，花键轴套再带动机械手轴顺时针旋转 65°或 75°，实现复位动作。当机械手回到原位后，复位开关接通，机械手电动机立即制动停止。

凸轮式换刀机械手通过凸轮等机械传动机构，配合机械手电动机的 3 次起停，实现了原位→抓刀→拔刀（主轴松刀）→交换→插刀（主轴紧刀）→复位的动作过程。有关加工中心圆盘式刀库换刀控制及故障诊断知识参见本书模块六拓展阅读内容。

思考题与习题

1．伺服电动机与滚珠丝杠连接的联轴器松动或损坏对进给传动带来什么影响？

2．某数控机床在执行程序加工零件轮廓时，发现工作台 X 轴正、负向无运动，手动操作时也是如此。调用伺服调整画面，观察到 X 轴伺服电动机有转速，请问故障原因是什么？

3．滚珠丝杠双螺母调隙的目的是什么？有哪些方式？

4．某数控铣床 X 轴在运动时出现振动现象，且从一端运动到另一端过程中，振动愈加明显。维修人员对振动明显一端的丝杠末端圆螺母进行旋紧。调整后，振动现象消除。问：

1）对圆螺母进行旋紧的目的是什么？

2）引起振动的原因是什么？

5．进给轴反向间隙对位置精度有什么影响？如何测量？从哪些方面进行改善？

6．根据图5-27所示的步距规定位精度测量循环，试编写测量程序。步距规间距为50mm。

7．某数控车床验收检测时，X 轴坐标重复定位精度为0.01mm，定位精度为0.04mm，反向间隙补偿设定值为0.055mm。经过一段时间使用后，在连续加工题图5-1a所示的套类零件时，实测内孔 $\phi80$mm 和外圆 $\phi120$mm 尺寸见题表5-1。对车床 X 轴位置精度进行测量，得到位置误差曲线如题图5-1b所示，反向间隙测量结果见题表5-2。通过对加工程序的分析，该车床用内孔车刀加工内孔 $\phi80$mm 时的加工轨迹如题图5-1c所示。

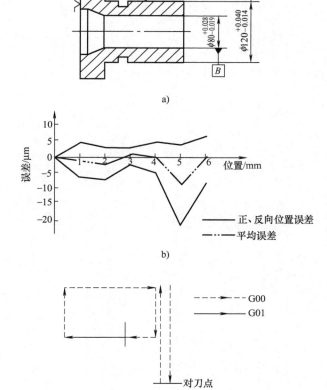

题图　5-1

题表 5-1

部位	工件1	工件2	工件3
内孔/mm	79.99	80.38	80.20
外圆/mm	120.06	120.03	119.93

题表 5-2

测点	1	2	3	4	5	6
位置/mm	45	90	135	180	225	270
反向间隙/μm	7.9	8.0	9.0	10.0	10.5	7.4

综上所述，问：

1）该车床 X 轴精度是否超差？何处最严重？

2）如何对加工轨迹进行修改，以减小机床精度降低对零件加工精度的影响？

3）要从根本上解决 X 轴精度降低的问题，需采取什么措施？

8．数控机床润滑系统的润滑对象有哪些？有哪些润滑方式？

9．数控机床气动、液压系统维护有什么要求？

10．加工中心刀柄在主轴中夹紧或松开通过什么途径实现？

11．某立式加工中心采用斗笠式刀库换刀。在一次换刀过程中，新刀具已插入主轴锥孔，但刀库无退回复位的动作。结合斗笠式刀库换刀过程及每个步骤的动作条件，说明故障可能产生的原因。

模块六　FANUC 系统 PMC 故障诊断

PMC 概述

一、I/O 模块

在 FANUC 数控系统中，PMC（Programmable Machine Controller）是可编程序机床控制器的简称，是专门用于数控机床开关控制的控制器。其基本功能与可编程序逻辑控制器（PLC）一样，只是它还有专门用于数控机床控制的特殊功能，以及与 CNC 之间的信号交换。目前 FANUC 系统的 PMC 均为内装型，其硬件和软件都作为数控系统的基本组成部分，与数控系统一起统一设计制造。外部输入/输出开关是通过 I/O 模块与数控系统建立联系的。FANUC 数控系统的 I/O 模块有标准机床操作面板模块、操作盘 I/O 模块、分线盘 I/O 模块、I/O UNIT A/B、I/O Link 轴、外置 I/O 单元等，如图 6-1 所示。

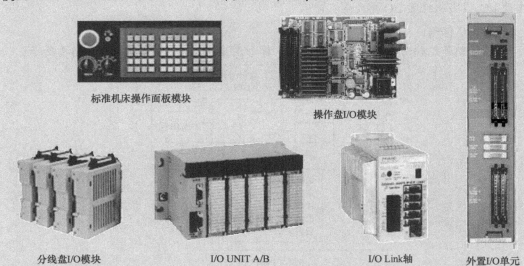

标准机床操作面板模块

操作盘I/O模块

分线盘I/O模块　　　　I/O UNIT A/B　　　　I/O Link轴　　　外置I/O单元

图 6-1　I/O 模块

I/O 模块类型主要是根据输入/输出信号点的数量来进行选择的。例如，操作盘 I/O 模块输入/输出点数为 48/32、外置 I/O 单元输入/输出点数为 96/64。I/O 模块都有固定地址的针脚，通过连接器及端子板与外部开关连接。I/O Link 轴是一种专门的伺服放大器，由其驱动的轴受 PMC 控制，不与其他伺服轴联动。此外，I/O Link 轴可实现分度或定位控制，常用于加工中心刀库选刀等控制场合。

二、PMC 组成

FANUC 0i 系列数控系统的 PMC 采用 I/O Link 总线控制，图 6-2 所示为 FANUC 0iC 系统 PMC 控制的组成。

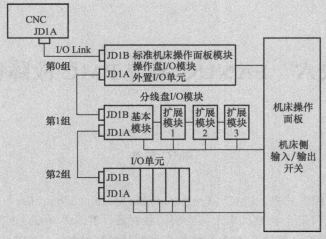

图 6-2　PMC 控制组成

在 FANUC 0iC 系统中，I/O Link 总线是 JD1A 和 JD1B 两端口之间的连接，数控系统为主控端，所有 I/O 模块均为从控端，其中离主控端最近的从控端称为第 0 组，依次类推，最多可带 16 组（第 0 组～第 15 组）。第 0 组连接的 I/O 装置可以是标准机床操作面板模块、操作盘 I/O 模块及外置 I/O 单元等。

三、PMC 信号

PMC 控制是以梯形图的形式来实现的，梯形图中用到的 PMC 信号如图 6-3 所示。

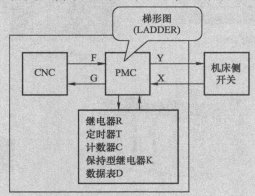

图 6-3　PMC 信号

PMC 信号分外部信号和内部信号。外部信号就是和外部开关通断状态有关的信号，其中 X 地址表示输入开关，Y 地址表示输出开关，X、Y 信号是 PMC 故障诊断的主要内容。内部信号有两类：一类是 PMC 与 CNC 之间的接口信号，反映了 CNC 和 PMC 运行的状态，其中，CNC 输出到 PMC 的是 F 地址信号，PMC 输入到 CNC 的是 G 地址信号；第二类是 PMC 自身功能信号，如内部继电器 R、定时器 T、计数器 C、保持型继电器 K 及数据表 D 等。实现 PMC 控制的程序是梯形图。

项目一　输入/输出开关及其与 PMC 的连接

任务 1　输入/输出开关

一、输入开关

1. 控制开关

数控机床操作面板上常见的控制开关有如下几种:

1) 用于主轴、冷却、润滑及换刀等控制的按钮, 这些按钮通常内装信号灯, 绿色用于起动, 红色用于停止。

2) 用于程序和机床数据保护, 并且钥匙插入方可接通的钥匙开关。

3) 用于紧急停止, 装有蘑菇形钮帽的红色急停开关。

4) 用于坐标轴选择、工作方式选择和倍率选择的转换开关。

5) 用于数控车床液压卡盘夹紧和松开, 液压尾座顶尖伸出和后退的脚踏开关等。

图 6-4 所示为数控机床常用的各类开关。

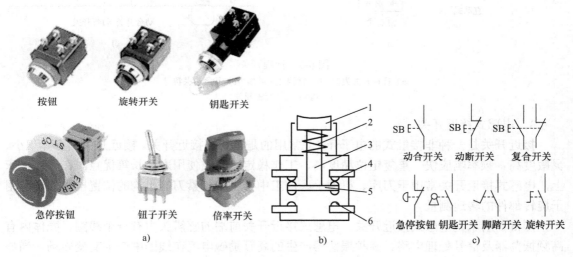

图 6-4　数控机床常用各类开关

a) 开关外观　b) 开关动作原理　c) 开关符号

1—按钮帽　2—复位弹簧　3—推杆　4—动断（常闭）触点　5—桥板　6—动合（常开）触点

在按钮按下去之前电路接通, 按钮按下去之后电路断开, 称此类触点为动断触点 (常闭触点); 在按钮按下去之前电路断开, 按钮按下去之后电路接通, 称此类触点为动合触点 (常开触点)。按钮通常用于机床上各动作的执行和停止, 如电动机的起动和停止等场合; 旋转开关、钮子开关常用于操作方式的切换, 如自动和手动切换等; 钥匙开关用于系统数据保护; 脚踏开关用于数控车床液压尾座顶尖伸出和退回、液压卡盘夹紧和松开等场合; 急停按钮在紧急状态下可切断电源电路, 使机床动作停止, 而且急停按钮只有动断触点; 倍率开关用于主轴倍率、进给倍率及操作方式选择等场合, 并且当倍率开关处在不同位置时, 开关触点的

通、断组合构成二进制码，对应不同的状态。

2. 行程开关

行程开关又称限位开关，它将机械位置转变为开关信号。行程开关的结构有直动式、滚动式和微动式，如图 6-5 所示。行程开关的动作过程与控制按钮类似，只是用移动部件上的撞块来触及行程开关的推杆。行程开关内的分合速度取决于撞块的移动速度，在数控机床上主要用于坐标轴的限位、移动部件的定位等。

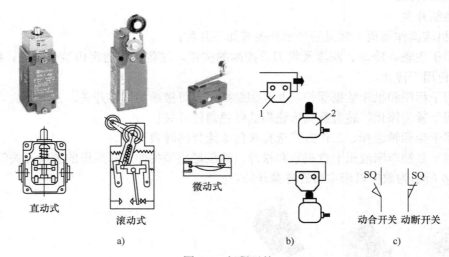

图 6-5　行程开关
a）行程开关类型　b）行程开关动作　c）行程开关符号
1—撞块　2—行程开关

3. 电感式接近开关

接近开关是一种非接触式的电子开关，常用的是电感式接近开关。接近开关具有体积小、灵敏度高、频率响应快、重复定位精度高、工作稳定可靠及使用寿命长等优点。在数控机床上，电感式接近开关常用于刀库、机械手、加工中心主轴松紧刀等机构的位置检测，也可用于旋转部件的转速测量。

图 6-6 所示为电感式接近开关。电感式接近开关前端的感辨头内有一个线圈，壳体内有高频振荡器及信号处理电路。高频振荡器产生的高频励磁电流在线圈中产生交变磁场，当导磁的金属物体接近感辨头到一定距离时，金属表面产生一定量的电涡流，电涡流产生的磁场又反作用于感辨头的磁场，使高频励磁电流减小，信号处理电路对励磁电流的大小进行检测后，输出开关信号。齐平式接近开关内部的检测部分埋在金属壳体内，与外表面平齐，不会产生侧边磁场干扰，也称屏蔽式接近开关；非齐平式接近开关内部的检测部分在金属壳体外，存在侧边磁场干扰，也称非屏蔽式接近开关。接近开关的动作距离与接近开关的直径有关，也与齐平式和非齐平式有关，一般非齐平式接近开关的轴向感应动作距离是齐平式接近开关感应距离的 2 倍。接近开关输出有较大的带载能力，可直接驱动继电器线圈。接近开关通常带有电源和表示通断状态的指示灯。

另外，输出信号有 NPN 或 PNP 形式，在与 I/O 模块输入端连接时，应注意接线形式。PNP 型开关必须采用源型输入的接线方式，NPN 型必须采用漏型输入的接线方式。

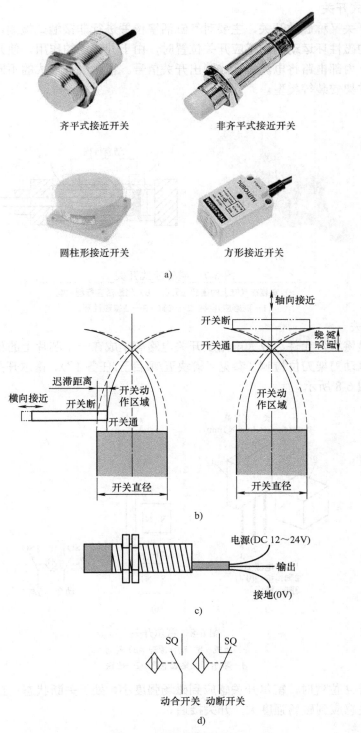

图 6-6 电感式接近开关

a) 接近开关类型 b) 动作原理 c) 接线 d) 符号

4. 磁感应式开关

磁感应式开关又称磁敏开关，主要对气缸活塞位置进行非接触式检测，如图6-7所示。固定在活塞上的磁性环运动到磁感应开关位置时，由于其磁场的作用，使开关内振荡线圈的电流发生变化，内部电路将电流转换成输出开关信号。根据气缸形式的不同，磁感应开关有绑带式安装和支架安装等类型。

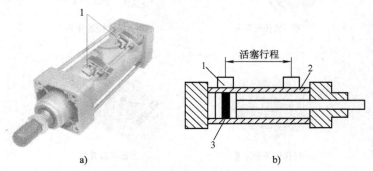

图6-7　磁感应式开关

a）安装在气缸上的磁感应开关　b）气缸活塞行程控制

1—磁感应开关　2—气缸　3—活塞磁性环

5. 霍尔开关

霍尔开关是将霍尔元件、放大电路及开关电路等集成在一个芯片上的集成电路，常用于数控车床四方电动刀架刀位检测（参见"模块五/项目五/任务1"）。霍尔开关的组成、动作原理及其符号如图6-8所示。

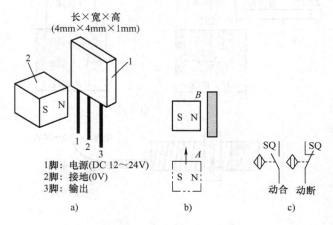

长×宽×高
(4mm×4mm×1mm)

1脚：电源(DC 12～24V)
2脚：接地(0V)
3脚：输出

a）　　　　　b）　　　　　c）

图6-8　霍尔开关

a）组成　b）动作原理　c）符号

1—霍尔开关集成电路　2—磁铁

当磁铁处于A位置时，霍尔开关感应到磁场强度小，处于关断状态；当磁铁移动到B位置时，霍尔开关感应到磁场强度大，开关接通。

6. 压力开关

压力开关（又称压力继电器）是利用流体压力来触发微动开关通断的开关，常用于气动系统和液压系统的压力检测。图6-9所示为用于液压系统的柱塞式压力开关。

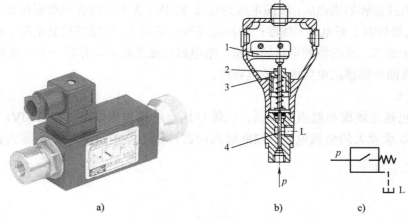

图 6-9 压力开关

a）外观 b）内部结构 c）符号

1—微动开关 2—压力调节螺钉 3—推杆 4—柱塞

当油液压力达到开关设定压力时，作用在柱塞上的油压推动推杆使微动开关触点动作，发出电信号。压力开关接通电信号的压力（开启压力）与断开电信号的压力（闭合压力）之差为压力开关的灵敏度。为避免压力波动时开关时通时断，要求开启压力和闭合压力之间有一可调的差值。通过压力调节螺钉可设定开关动作压力的大小。此外，和柱塞式压力开关结构类似，还有一种专门检测管道中液体流量大小的流量开关。

二、输出开关

1. 继电器

继电器是一种根据外界信号来控制电路通断的开关，如图 6-10 所示。

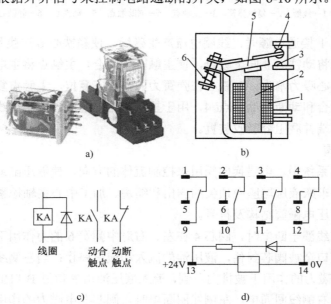

图 6-10 继电器

a）外观 b）结构 c）符号 d）继电器触点编号

1—线圈 2—铁心 3—动合触点 4—动断触点 5—衔铁 6—复位弹簧

继电器由线圈和触点组成，线圈电压为直流＋24V，有多组动合和动断触点，如图 6-10a、b 所示。继电器线圈 1 得电时，线圈产生的磁场吸合衔铁 5，使接在控制电路中的动合触点 3 或动断触点 4 动作，从而控制电路的通断。继电器线圈上要反向并联一个二极管，以便当线圈断电时为线圈中的感应电势提供放电回路。

2．接触器

接触器也是由线圈和触点组成的，线圈电压有单相交流 110V 和 220V，其主触点接在主电路中以承载大的负载电流，辅助触点接在控制电路中。图 6-11 所示为接触器外观、结构及符号。

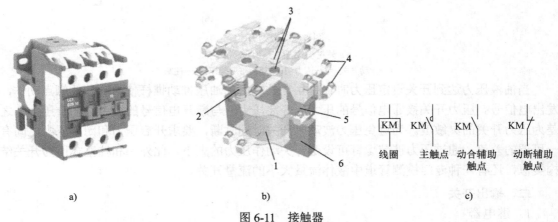

图 6-11　接触器
a）外观　b）结构　c）符号
1—线圈　2—复位弹簧　3—主触点　4—辅助触点　5—动铁心　6—静铁心

当接触器线圈 1 接通电源时，线圈电流产生磁场，使静铁心 6 产生足以克服复位弹簧 2 反作用力的吸力，将动铁心 5 向下吸合，使主触点 3 闭合，主触点将主电路接通；当接触器线圈断电时，静铁心吸力消失，动铁心在弹簧力的作用下复位，主触点复位，主电路断开。接触器还有一组动合和动断辅助触点 4，用于控制电路的通断。为了给线圈失电时提供放电回路，需在线圈两端并联阻容吸收装置。

3．电磁换向阀

在液压和气动系统中，电磁换向阀用来控制流体的方向，使液压缸或气缸活塞动作方向发生改变，如数控车床液压尾座中顶尖的伸出和缩进、加工中心主轴松紧刀气缸等。图 6-12 所示为三位四通液压电磁阀结构及符号。

电磁阀左、右线圈全断电时，阀芯 4 在左、右对中弹簧 6 的力作用下停在阀体内中间位置，则 4 个出入油口全被阀芯封住，液压油的流入和流出停止；当左侧线圈得电，右侧线圈失电时，阀芯在电磁力的作用下被推向左侧，流入液压油由 P 口进 B 口出，回流油由 A 口进 T 口出；同理，当右侧线圈通电，左侧线圈断电时，阀芯在电磁力的作用下被推向右侧，流入液压油 P 口进 A 口出，回流油 B 口进 T 口出。

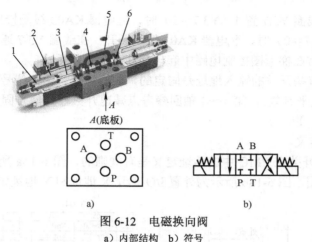

图 6-12 电磁换向阀

a）内部结构 b）符号

1—衔铁 2—线圈 3—推杆 4—阀芯 5—阀体 6—对中弹簧

任务 2 输入/输出开关与 PMC 的连接

一、PMC 地址

1. 输入/输出开关地址

在 PMC 中，一个地址的信息包括三个方面，即地址类型、地址（字节）和位。X 地址对应机床侧的输入开关信号，如按钮、行程开关、接近开关、压力开关等，每个输入开关可定义一个 X 地址；Y 地址对应机床侧的输出开关信号，如继电器、指示灯等，每个输出开关可定义一个 Y 地址。图 6-13 所示为外部开关与 PMC 输入/输出地址的对应关系。

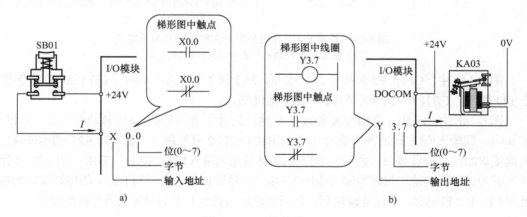

图 6-13 PMC 地址

a）输入地址 b）输出地址

例如，外部按钮 SB01 对应输入地址 X0.0，表示输入地址为第 0 字节的第 0 位。该地址为一个"位"信号，在梯形图中用动合（常开）触点或动断（常闭）触点来表示，触点接通或断开用 1 或 0 表示。对动合（常开）触点，SB01 未接通时 X0.0 置 0（X0.0＝0），触点断开；SB01 接通时 X0.0 置 1（X0.0＝1），触点闭合。同样地，外部继电器 KA03 对应输出地址 Y3.7，表示输出地址为第 3 字节的第 7 位。该地址为一个"位"信号，在梯形图中用线圈和触点来表示，当线圈 Y3.7 置 1（Y3.7＝1）时，继电器 KA03 线圈接通，继电器触点动作；线圈 Y3.7 置 0（Y3.7＝0）时，继电器 KA03 线圈断开；在线圈 Y3.7 通、断的同时，Y3.7 触点闭合或断开，通常在梯形图控制电路中起自锁和互锁的作用。

要说明的是，有些开关的输入地址是固定的，如急停按钮输入信号固定地址为 X8.4（助记符*ESP，*为低电平有效），第 1～4 轴回参考点减速开关输入信号固定地址为 X9.0～X9.3（*DEC1～*DEC3）等。

2. PMC 地址定义

每个输入/输出开关在 PMC 中的地址定义是有规则的，图 6-14a 所示为外置 I/O 单元与外部开关连接示意图，图 6-14b 所示为外置 I/O 单元 X 地址和 Y 地址定义。

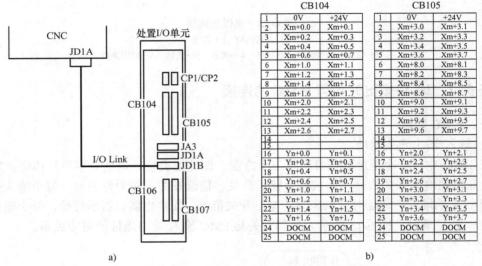

图 6-14　外置 I/O 单元与外部开关的连接及地址定义

a）输入/输出（DI/DO）端口　b）X/Y 地址定义

图 6-14a 中，CP1/CP2 外接＋24V 电源，JA3 接手轮，JD1A 通过 I/O Link 总线连接下一个 I/O 模块，CB104～CB107 为输入/输出地址端口。

图 6-14b 中，m 和 n 分别为 X 地址和 Y 地址的首字节，在确定 I/O 模块时设定，如设 m＝0 和 n＝0，即输入/输出地址首字节为 0，则 CB104 端口 2 号针脚 A（表示为 A2）的地址规定为输入地址 X0.0，2 号针脚 B（表示为 B2）的地址规定为输入地址 X0.1；CB105 端口 23 号针脚 A（表示为 A23）的地址规定为输出地址 Y3.6，23 号针脚 B（表示为 B23）的地址规定为输出地址 Y3.7。I/O 模块 X、Y 地址确定后，则每个地址与外部开关的对应关系也就确定了。

二、接线方式

1. 输入/输出开关接线

各种类型的 PLC 输入有源型输入（又称灌直流输入）和漏型输入（又称拉直流输入），输出有源型输出和漏型输出。源型输入接线方式中，PLC 的输入公共端（COM）接地（0V），或接 PLC 电源负极（－24V）；输入开关一端接 PLC 电源正极（＋24V），另一端接 PLC 的输入端，开关闭合时，电流从开关流入输入端。漏型输入接线方式中，PLC 的输入公共端（COM）接 PLC 的电源正极（＋24V），输入开关一端接输入 COM 端，另一端接 PLC 输入端，开关闭合时，电流从输入端流出。

　　源型输出接线方式中，PLC 的输出公共端（COM）外接电源正极（+24V）；漏型输出接线方式中，PLC 的输出公共端外接电源 0V。

　　FANUC 系统 PMC 输入/输出开关的接线有源型和漏型两种方式。

　　在图 6-13a 所示的源型输入接线方式中，外部输入开关一端接 I/O 模块的 +24V 端，当外部开关接通时，电流由开关流入 I/O 模块输入地址对应的输入端；在图 6-13b 所示的源型输出接线方式中，I/O 模块上 DOCOM 端外接 +24V 外部电源，当 I/O 模块有输出信号时，外部电路接通，电流从 I/O 模块对应地址的输出端流出。图 6-15 所示为某数控车床外置 I/O 单元部分 I/O 电气图及接线。

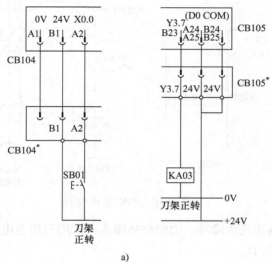

a)

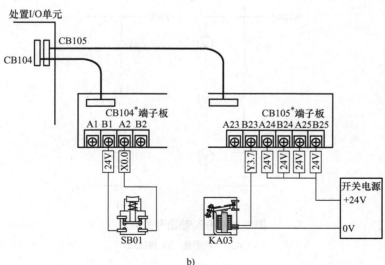

b)

图 6-15　某数控车床外置 I/O 单元部分 I/O 电气图及接线

a）I/O 电气图　b）接线

　　外置 I/O 单元 CB104、CB105 端口通过排线与端子板连接，端子板通过内部走线使每个连接端子都有固定地址；另外，外部开关连接线上都有套管，套管上有地址标记。就 PMC 故障诊断而言，外部输入、输出开关与 PMC 输入、输出地址的对应关系，给外部开关的故障诊断带来了方便，只要对 X 地址或 Y 地址的 1 或 0 进行监控，就可判断 I/O 模块是否有开关信号输入和输出，便于诊断外部开关的好坏。

2. 输出电路

PMC 输出若采用晶体管开关方式，其开关信号由于带载能力的限制不能直接驱动主电路中的接触器、电磁阀及电磁制动器等线圈，需通过继电器来过渡，以控制电路中的小电流来获得主电路的大电流，如图 6-16 所示。

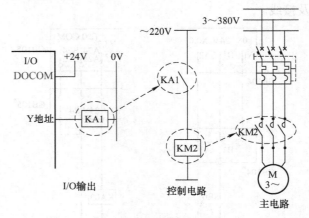

图 6-16　PMC 输出控制

当输入、输出电路出现故障时，为定位故障点，常用万用表电压分段测量或短接法进行故障诊断，如图 6-17 所示。

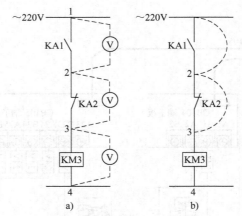

图 6-17　输入/输出开关测量

a）电压分段测量　b）短接法

（1）电压分段测量　以图 6-17a 所示的控制电路为例，先测量 1、4 两点间的电压，若电压值为 220V，说明电源电压正常。设正常情况下，继电器 KA1 触点闭合，KA2 触点闭合，接触器 KM3 线圈就应有 220V 电压。用万用表测量时，除了 3、4 间电压为 220V 外，其他任何相邻两点间的电压均为零，若测量到某相邻两点间的电压为 220V，说明这两点间所包含的触头、连接导线不良或有断路。例如现测量到2、3两点间的电压为220V，说明继电器KA2的动断触头接触不良或外部接线不良造成断路。

（2）短接法 短接法就是用一根绝缘良好的导线把所怀疑的部位短接，若电路接通，则说明该处原来是断路的。以图6-17b为例，正常情况下，KA1闭合时，接触器KM3线圈应得电，现出现KM3线圈失电的故障。用导线短接1、2点，若KM3线圈得电，说明继电器KA1由于触头接触不良或外部接线不良造成断路；若KA1正常，再短接2、3点，观察故障状态。

项目二 PMC故障诊断

任务1 PMC状态诊断

PMC状态诊断常用于输入/输出开关通断状态的诊断，可快速诊断故障是外部开关的原因，还是PMC内部控制的原因。PMC状态画面的操作参见"模块三/项目二/任务6"。在PMC诊断画面上，数控系统监控每一个触点或线圈的通断状态，用0或1显示。

例6-1 某加工中心在加工过程中出现空气压力异常的报警。

故障分析及诊断：

现场检查气源处理装置上压力表读数，发现压力在正常范围内，如图6-18a所示。根据故障现象，怀疑压力开关有问题。查阅机床电气线路图，压力开关地址为X20.1。调用PMC状态画面，在MDI键盘上键入X20.1，单击[SEARCH]软键，显示PMC状态画面如图6-18b所示。

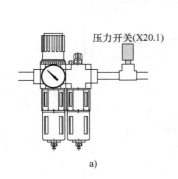

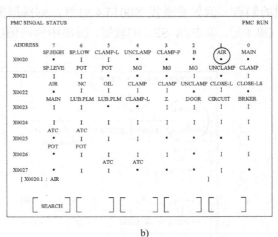

图6-18 PMC状态诊断

a）气源处理装置 b）PMC状态诊断画面

画面中，"·"表示为0，"I"表示为1。现在X20.1显示为"·"，说明压力开关无信号输入到PMC中，初步诊断压力开关故障。

故障排除：

现场检查压力开关，发现已失效。更换新的压力开关，故障排除。此时，PMC 状态画面中，X20.1 显示为"I"。

任务2　梯形图监视

在 PMC 程序中，使用的编程语言是梯形图（LADDER）。PMC 运行时，从开头到结束逐个扫描每个触点和线圈，循环执行。梯形图监控也是 PMC 故障诊断一个很重要的手段，操作过程中包括触点和线圈的查找，以及梯形图运行监视等。

一、梯形图监视

机床在执行某项动作时，数控系统监视 PMC 的运行状态，维修人员可实时观察到触点和线圈的通断状况，从而判断 PMC 外部输入开关是否有动作，PMC 执行后是否有信号输出到外部开关。PMC 梯形图监视画面参见图 3-17b 所示。

在梯形图监视画面中，触点或线圈断开（"0"状态）以低亮度绿色显示，触点闭合或线圈接通（"1"状态）以高亮度白色显示。

二、地址查找

1．触点和线圈查找

PMC 梯形图中，纯触点包括 X 地址、F 地址和 K 地址，既有线圈又有触点的地址包括 Y 地址、R 地址、G 地址和 A 地址。在梯形图中，查找触点或线圈是 PMC 故障诊断中经常要进行的操作，配合梯形图监视，可快速诊断触点或线圈的通断状态。在 PMC 梯形图监视画面中，由 MDI 键盘键入要查的触点地址，单击[SEARCH]软键，画面中梯形图的第一行就是要查找的触点。例如要查找 X0015.4 触点，则梯形图显示图 6-19 所示；若要查找 G8.4 线圈，键入 G8.4 后，单击[W-SRCH]软键，画面中梯形图的第一行就是要查找的线圈，如图 6-20 所示。

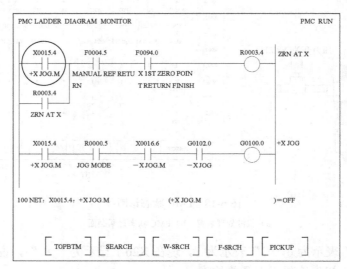

图 6-19　X0015.4 触点的查找

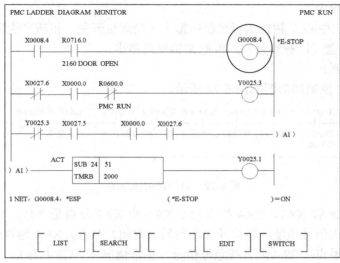

图 6-20　G8.4 线圈查找

2．功能指令查找

功能指令就是用一条指令完成一个特定的功能，如用于刀库选刀控制的功能指令、定时器及计数器功能指令等。每个功能指令均有编号，例如：译码指令（DECB）编号是 25（表示为 SUB25），若要查找译码指令在梯形图中的位置，只要键入编号 25，单击[F-SRCH]软键，就可以在画面中显示该功能指令，如图 6-21 所示。

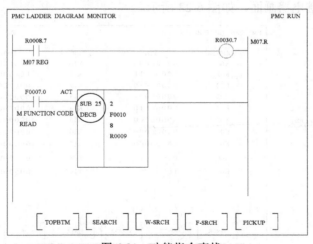

图 6-21　功能指令查找

任务 3　K 地址用于故障解除

K 地址为保持型继电器地址，FANUC 0iC 系统中，K0～K16 为通用地址，K17～K19 为 PMC 参数设定区域。机床运行过程中，若发生停电、急停或轴禁止运行等故障时，系统会禁止机床所有动作的运行。为此，在机床厂家设计的 PMC 梯形图中，经常会用 K 地址来恢复机床的运行，同时在维修手册中也会有相应的说明。通用 K 地址的状态（0 或 1）可以在保持型继电器画面中设定。

例 6-2　某加工中心 X 轴在运行过程中撞上正向限位开关，机床产生急停。机床诊断说明书提示，将 K6.3 置 1，解除急停，再把 X 轴反向移出。

故障分析和诊断：

机床急停 PMC 控制梯形图如图 6-22 所示。

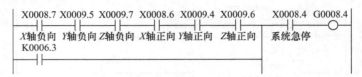

图 6-22　急停控制梯形图

梯形图中，X8.6 和 X8.7、X9.4 和 X9.5、X9.6 和 X9.7 分别是 X 轴、Y 轴和 Z 轴的正、负向限位开关的输入信号地址，限位开关为动断（常闭）触点，X8.4 为急停开关专用地址，也为动断（常闭）触点；G8.4 为系统急停信号，正常情况下，G8.4 为 1。

现 X 轴撞上 X 轴正向限位开关，则 X8.6 触点断开，G8.4 置 0，并由 PMC 发送给 CNC，CNC 接收到该信号后即产生急停，禁止机床所有动作运行。

为解除因限位而产生的急停，梯形图中设置了保持型继电器触点 K6.3。当机床任意一根轴产生正向或负向限位而急停时，将 K6.3 置 1，就可以使 G8.4 置 1，解除急停。

故障排除：

1）在系统设定画面中将 PKW 置 1。

2）进入保持型继电器画面，如图 6-23 所示。

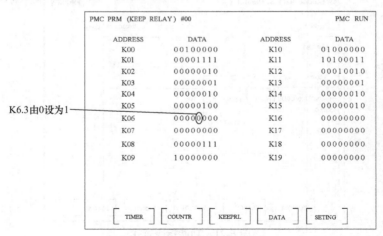

图 6-23　保持型继电器画面

3）将 K6.3 设为 1。

4）手动负向 JOG 运动 X 轴，使 X 轴移离正向限位开关，限位解除。

5）将 K6.3 和 PKW 恢复为"0"，故障排除。

任务 4　A 地址与 PMC 报警号

FANUC 0i 数控系统中，1000 号以上的报警为 PMC 报警，通常与外部开关的状态有关。

PMC 报警由机床厂家用 LADDER 软件编辑而成，存储在系统 FROM 中，由梯形图中的 A 地址触发。对于报警信息，一方面可以查阅机床厂家提供的诊断说明书；另一方面将数控系统中的 PMC 程序上传到计算机（安装有 LADDER 软件），在计算机上可以显示 PMC 报警信息表。图 6-24 所示为某数控机床报警信息表及报警梯形图。

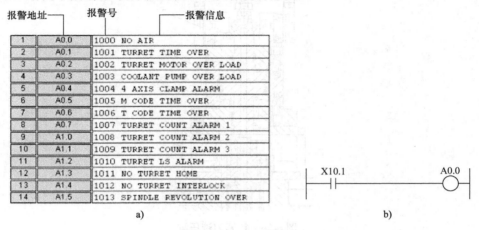

图 6-24　PMC 报警

a）报警信息表　b）报警梯形图

图 6-24a 中，信息号 A 地址为信息显示请求位，每位都对应一条报警号及报警信息。当 A 地址置 1 时，则在数控系统显示器上显示该 A 地址对应的报警信息。例如，图 6-24b 中，X10.1 为气动系统压力开关地址，当气压低于允许范围时开关动作，X10.1=1，则 A0.0 置 1，系统调用报警信息表中 A0.0 对应的信息，在显示器上显示"1000 NO AIR"。

要说明的是，1000 号以上的 PMC 报警是针对本台机床而言的，同一个报警号在不同机床中的报警内容有可能是不同的。以图 6-24 中的 1010 报警为例，本台机床为数控车床，1010 号报警的内容是"TURRET IS ALARM"（转塔刀架故障）；在另一台加工中心中，1010 号报警的内容是"SPINDLE CLAMP/UNCLAMP ABNORMAL"（主轴夹紧或松开异常）。

在 PMC 故障诊断中，也可以通过报警号找到对应的 A 地址，并在 PMC 梯形图中监视画面中查找 A 地址线圈，从而分析引起 A 地址触发的条件，找到故障原因。

例 6-3　某立式加工中心在某次换刀后，其数控系统产生报警画面如图 6-25 所示。

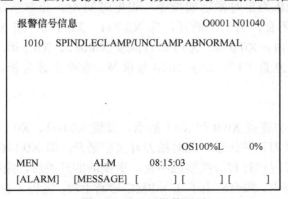

图 6-25　PMC 报警画面

故障分析及诊断：

报警画面中，1010号报警提示为主轴夹紧或松开异常。该加工中心主轴松紧刀由液压缸活塞、拉杆及碟形弹簧等配合完成，其结构如图6-26所示。

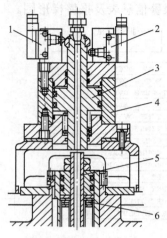

图6-26　松紧刀液压缸

1—紧刀到位行程开关　2—松刀到位行程开关　3—活塞　4—液压缸　5—拉杆　6—碟形弹簧

根据电气线路图，紧刀到位行程开关地址为X0.0，松刀到位行程开关地址为X0.1。通过报警信息表查到1010号报警对应A1.0地址。调用PMC梯形图监视画面，查找A1.0线圈所处的梯形图如图6-27所示。

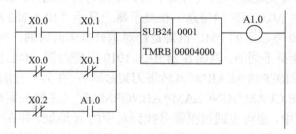

图6-27　A1.0报警梯形图

图6-27中，TMRB为定时器功能指令，设定时间4s。正常情况下，松刀或紧刀结束后，开关中必有一个闭合，另一个断开，即X0.0=1、X0.1=0，或X0.0=0、X0.1=1。故障状态下，若在4s时间内，X0.0=1、X0.1=1，或者X0.0=0、X0.1=0，即松刀和紧刀开关同时闭合或断开，则A1.0置"1"，显示1010号报警。根据上述分析，初步诊断为松、紧刀开关有故障。

故障排除：

在PMC状态画面中查找X0.0和X0.1触点，发现X0.0=1、X0.1=1，现场观察到主轴已处于紧刀状态，说明紧刀开关正常，此时松刀开关应断开，即X0.1=0，判断松刀开关故障。现场检查松刀开关，发现该行程开关接触不良。更换新的开关后，报警消失，故障排除。

本例故障诊断过程中，综合应用了几项PMC诊断手段，经历了查找报警信息表、调用A地址梯形图以及PMC状态诊断画面等过程。

任务 5　辅助功能 M 指令

数控机床运行过程中，许多辅助功能指令是由 M 指令完成的，FANUC 系统中，一个 M 指令执行须经历图 6-28 所示的过程。

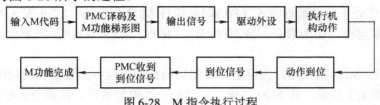

图 6-28　M 指令执行过程

系统 M 指令执行完成与否，可以在系统诊断画面中通过 000 诊断号进行诊断，如图 3-11 所示。

例如，执行 M08、M09 指令的结果是切削液开或关。图 6-29 所示为执行 M08、M09 指令时 CNC 与 PMC 之间的信号，图 6-30 所示为执行 M08、M09 指令的梯形图。

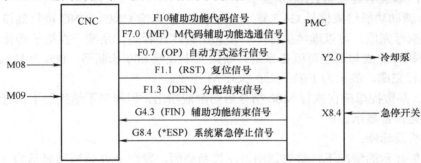

图 6-29　执行 M08、M09 时 CNC 与 PMC 之间信号

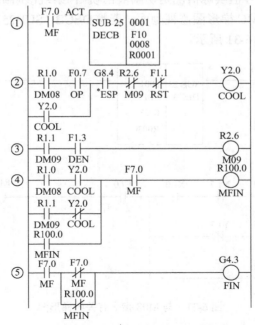

图 6-30　执行 M08、M09 指令梯形图

① 行：CNC 给 PMC 发出 M 代码辅助功能选通信号（F7.0=1），CNC 将 M08 和 M09 进行译码生成辅助功能代码信号 F10 发送给 PMC。在 PMC 梯形图中，译码指令功能指令 DECB 对 F10 再进行译码，结果是 DM08 对应 R1.0，DM09 对应 R1.1，依次类推，直到 DM15 对应 R1.7。

② 行：系统处于自动运行方式（F0.7=1）执行 M08 指令后，Y2.0 置 1 并自锁，接通外部电路，冷却泵起动，切削液开。冷却过程中，M09、急停（G8.4）及复位（F1.1）均可使冷却停止。

③ 行：执行 M09 指令时，为避免刀具在切削行进过程中因突然关闭切削液而产生"抗刀"现象，影响加工质量，在 M09 基础上再增加一个限制条件，即系统分配结束信号 F1.3，该信号表示 CNC 执行当前加工程序段结束。这样，在执行 M09 指令后，切削液只有在当前加工程序段结束后才能被关闭，避免了"抗刀"现象的发生。

④ 行：在 M 代码辅助功能选通信号有效的前提下（F7.0=1），M08 或 M09 执行完成，设置标志位，即继电器线圈 R100.0 置 1。

⑤ 行：辅助功能结束信号 G4.3 置 1，由 PMC 发送给 CNC，CNC 接收到该信号后，认为辅助功能执行完成，可以继续执行下一段加工程序。否则，系统一直处于等待状态。

M 指令执行完成与否也可以在系统诊断画面中观察 000 诊断号，000 号显示为 0，表示 M 指令已执行完成，显示为 1 表示正在执行 M 指令。

例 6-4　某数控车床在执行 M08 指令后切削液喷出，但程序不继续往下执行，处于待机状态，系统无报警显示。

故障分析及诊断：

在无报警显示的情况下，首先调用系统诊断画面，发现 000 诊断号显示为 1，说明系统还处在 M 指令执行过程中，但实际情况是切削液已喷出，系统诊断结果与实际情况存在矛盾。

进一步诊断，调用 PMC 梯形图监视画面，查找 DECB（SUB25）功能指令，查找与 M08 指令有关的梯形图，如图 6-31 所示。

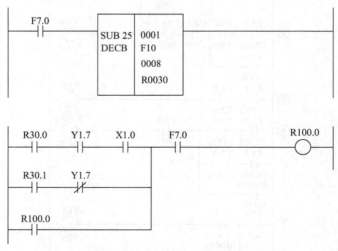

图 6-31　与 M08 指令有关的梯形图

译码功能指令 DECB 执行的结果是，M08 对应 R30.0，M09 对应 R30.1；Y1.7 是冷却泵起动输出信号。在梯形图监视画面中发现 X1.0 触点未闭合，导致 M08 指令功能完成标志 R100.0 置 0，系统认为 M08 指令未执行完成。初步诊断与 X1.0 对应的外部开关有问题。

故障排除：

查阅机床电气线路图，发现 X1.0 是切削液流量开关地址。本机床 M08 执行完成的到位信号是切削液流量要达到设定值。现场检查该流量开关，发现已失效，造成虽有切削液喷出，但无流量信号产生，导致系统认为 M08 未执行完成，处于待机状态。更换新的流量开关，故障排除。

任务 6　润滑定时设定

数控机床导轨、丝杠等部件的润滑由系统 PMC 定时控制，通常包括首次开机定时润滑和自动运行定时润滑两部分，如图 6-32 所示。

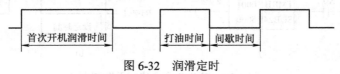

图 6-32　润滑定时

PMC 定时控制中，定时是由定时器功能指令来执行的，定时器包括可变定时器和固定定时器等。

1. 可变定时器（TMR）

TMR（SUB3）指令为延时接通定时器，延时时间可在 PMC 定时器画面中调整。图 6-33 所示为 TMR 功能指令及定时器设定画面。

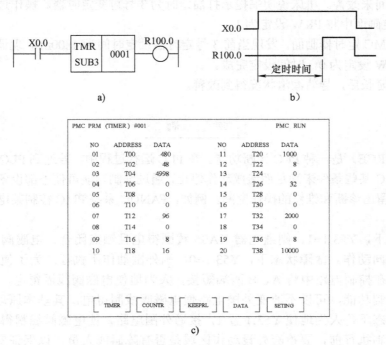

图 6-33　TMR 指令及定时器画面

a) 指令格式　b) 时序图　c) 定时器设定画面

TMR 指令只给出定时器号，具体的定时时间须在 PMC 定时器画面中设定。进入 PMC 定时器画面，如图 6-33c 所示，定时器画面中的定时器号与梯形图 TMR 指令中的定时器号是对应的。其中，1~8 号定时器的精度为 48ms，9 号以后定时器精度为 8ms，设定时间值必须是 48 或 8 的倍数，余数被忽略。例如，1 号定时器设定值为 480ms，为 48 的倍数，实际预置时间即为 480ms；3 号定时器设定值为 4998ms，除以 48 等于 104 余 6，则实际预置时间为 48ms×104=4992ms。

2. 固定定时器（TMRB）

TMRB（SUB24）指令为延时接通定时器，定时器延时时间在 PMC 程序中设定，不能在 PMC 定时器画面中设定。图 6-34 所示为 TMRB 指令格式及时序图。

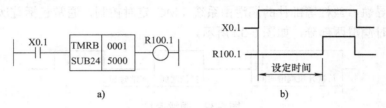

图 6-34　TMRB 指令格式及时序图

a）指令格式　b）时序图

TMRB 指令除了用在润滑定时控制外，还可用在 PMC 报警控制等场合，如例 6-3 中图 6-27 所示。

例 6-5　某加工中心在运行过程中发现导轨润滑不充分。检查润滑系统无泄漏后，拟增加润滑打油时间来改善。机床说明书提示打油定时为 3 号可变定时器。操作过程如下：

1）在设定画面中将 PKW 设定为 1。

2）调用 PMC 定时器画面，发现当前 3 号定时器设定时间为 4800ms，现调整为 9600ms。

3）将 PKW 设定为 0，时间设定完成。

打油时间延长后，导轨润滑状况得到改善。

拓展阅读1　　　　　　　**强　　制**

强制（FORCE）是一种 PLC 诊断功能。在 PLC 运行过程中，若遇到 PLC 因程序故障而死机，或者 PLC 某些条件未满足而造成动作停止，通过强制功能可使外部设备动作到某个固定位置，以便留出诊断和维修的操作空间。例如，FANUC 系统 PMC 控制某电磁阀的电路如图 6-35 所示。

正常情况下，Y53.1=1，则继电器 KA05 线圈得电且触点闭合，电磁阀 KV03 线圈得电，电磁阀换向动作。故障状态下，Y53.1=0，则外围动作不执行。为了使电磁阀动作，传统方法是，在控制电路中将 A、B 两端短接，人为地使电磁阀线圈得电，俗称"捅阀"。利用 PMC 强制功能，可以不改变外围电路使电磁阀线圈得电。其基本原理是：在 PMC 停止运行的状态下，人为地使 Y53.1 置 1，接通外围电路，使电磁阀线圈得电。特别要注意的是，在强制执行前，要检查外设动作区域是否有障碍或人员，以保证安全。PMC 强制操作过程如下：

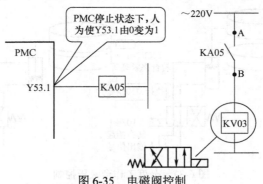

图 6-35　电磁阀控制

1）在 MDI 键盘上，单击$\boxed{\text{SYSTEM}}$键→单击[>]软键→单击[STOP]软键，进入"PMC CONTROL SYSTEM MENU"画面→单击[YES]软键，PMC 停止运行。

2）进入 PMC 状态画面→单击[FORCE]软键，进入 PMC 信号强制画面。

3）在 MDI 键盘上输入 Y53.1，单击[SEARCH]软键，查找要强制的地址。

4）单击[ON]软键，执行强制。此时，Y53.1 由 0 变为 1，如图 6-36 所示。

5）对外设检查维修结束后恢复 PMC 运行。在当前画面中，单击[<]软键，重新进入"PMC CONTROL SYSTEM MENU"画面→单击[RUN]软键，PMC 恢复运行。

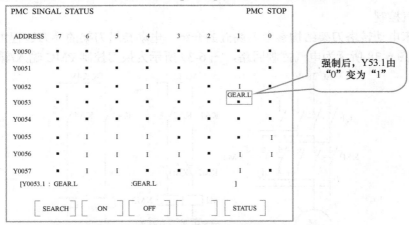

图 6-36　PMC 信号强制画面

例 6-6　某卧式数控镗铣床分度工作台在执行 M10 指令，分度台下降并夹紧后，后续动作不再进行，加工程序也停止执行；同时，系统显示报警"1200 WORKTABLE NOT CLAMP"，提示分度工作台未夹紧。

故障分析与诊断：

现场观察，分度工作台已下降并定位夹紧，系统出现工作台未夹紧的报警，可能是夹紧开关未发出信号，数控系统认为 M10 指令未执行完成，故禁止加工程序继续执行。

查阅机床电气线路图，结合图 6-37 所示的分度工作台抬起和下降的液压控制，获知分度工作台夹紧开关地址为 X3.7，工作台抬起时，X3.7=0，下降夹紧时 X3.7=1。在 PMC 状态画面中查找 X3.7，发现 X3.7 显示为 0，证实夹紧开关无信号发出。为了检查夹紧开关的好坏，需将工作台抬起，为此采用 PMC 强制功能。

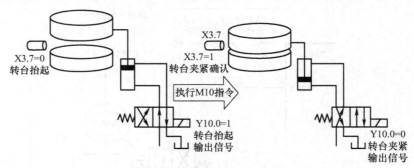

图 6-37 分度工作台液压控制

从分度工作台液压控制得知,欲使工作台抬起,电磁阀线圈须得电,则 PMC 地址 Y10.0 必须为 1。

故障排除:

停止 PMC 运行,在强制信号画面中查找 Y10.0 地址并强制,Y10.0 由 0 变为 1,工作台抬起。现场检查发现夹紧开关损坏,更换新开关后故障排除,报警消失,机床恢复正常运行。

拓展阅读2 数控车床电动转塔刀架 PMC 控制及故障诊断

一、电气控制

数控车床电动转塔刀架结构参考模块五的介绍。电动转塔刀架的换刀过程由数控系统的 PMC 控制,图 6-38 所示为电气控制回路,图 6-39 所示为换刀控制 PMC 输入/输出地址。

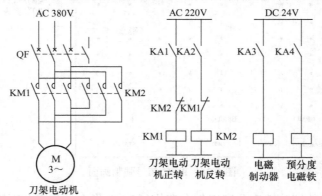

图 6-38 电动转塔刀架电气控制回路

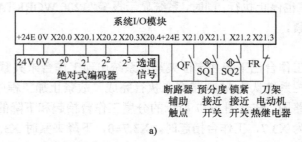

a)

图 6-39 电动转塔刀架 PMC 输入/输出地址

a) 输入信号地址

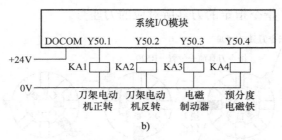

图 6-39 电动转塔刀架 PMC 输入/输出地址（续）

b）输出信号地址

二、PMC 控制

换刀控制的核心是转塔选刀控制，FANUC 系统 PMC 指令中有专门的功能指令用于选刀控制，如 ROTB（SUB26）。ROTB 功能指令格式如图 6-40 所示。

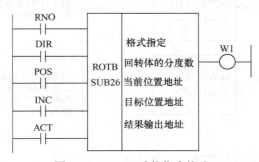

图 6-40 ROTB 功能指令格式

ROTB 功能指令格式中，RNO、ACT、DIR、POS 及 INC 由常 0 或常 1 触点设定。ROTB 指令使用条件如下：

1）起始位置数（RNO）。RNO=0，旋转起始位置数为 0；RNO=1，旋转起始位置数为 1。

2）数据处理的位数（BYT）。BYT=0，指定 2 位 BCD 码；BYT=1，指定 4 位 BCD 码。

3）指定最短路径旋转方向（DIR）。DIR=0，不选择最短路径，只按正向旋转；DIR=1，选择最短路径，可正、反向旋转。

4）位置计算（POS）。POS=0，旋转方向确定后，计算当前位置与目标位置之间的步距数；POS=1，计算目标位置前一个位置数。

5）指定位置数或步距数（INC）。INC=0，计算目标位置；INC=1，计算到达目标的步距数。

6）控制条件（ACT）。ACT=0，不执行 ROT 指令；ACT=1，执行 ROT 指令，并有旋转方向输出。

7）旋转方向输出（W1）。若设定 DIR=1，即选择最短路径旋转时，W1=0，刀架（刀库）顺时针旋转；W1=1，逆时针旋转。

图 6-41 所示为转塔刀架换刀示意图。

转塔上有固定的刀座编号，刀具号与刀座号一一对应。当前位置是指在换刀位置的刀座号，随着转塔的转动，当前位置也随之变化，由与转塔同轴连接的绝对式编码器检测获得。目标位置是指由 T 指令指定的刀具所对应的刀座号。

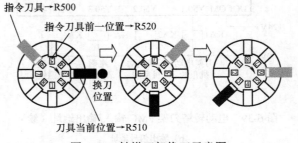

图 6-41　转塔刀架换刀示意图

ROTB 功能指令用于电动转塔刀架换刀控制的部分梯形图及注释如图 6-42 所示。

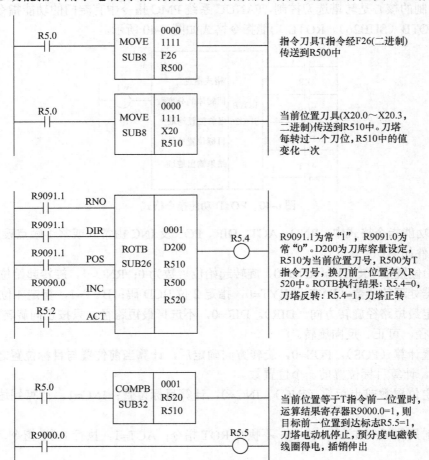

图 6-42　ROTB 指令用于选刀控制的梯形图（部分）

三、故障诊断

1. 换刀时出现乱刀现象

故障原因为绝对式编码器或电缆故障，造成指令刀具与实际刀具不符。

2．转塔未锁紧报警

故障原因为锁紧接近开关损坏、接近开关位置调整不当，或者刀架机械传动故障。

3．换刀过程中出现断路器跳闸现象

故障原因为刀架电动机短路、刀架机械传动卡死，造成刀架电动机堵转。

4．换刀过程中刀架电动机过热报警

故障原因为预分度电磁铁不能准确动作、刀架电动机缺相或短路、绝对式编码器位置有偏差，以及刀架电动机热继电器不良。

例 6-7　某数控车床配置 FANUC 0iC 数控系统及 8 刀位电动转塔刀架。在换刀过程中，初始故障表现为无论是自动还是手动操作方式，实际刀具与指令刀具不符，以后故障逐渐加重，在执行换刀指令时，转塔转动不停，刀架无锁紧动作，同时屏幕上出现换刀未到位的报警信息。

故障分析：

从故障现象看，由于各部分机械动作正常，机械故障发生的可能性比较小，刀塔本身电气故障发生的可能性比较大，因此故障诊断应从电气分析入手。一方面，分析在刀塔控制信号中，预分度电磁铁动作、刀塔电动机转动以及制动时 PMC 对刀塔的控制信号；另一方面，对预分度开关、锁紧开关以及刀具位置编码时刀塔的检测信号进行分析。刀塔能转动，说明 PMC 对刀塔电动机的控制是正常的，刀塔转动不停在于不能完成预定位。

故障诊断：

影响刀塔分度定位的因素主要有：预分度电磁铁、插销、预分度开关及刀位绝对式编码器，其中任何一个环节存在问题，都将影响到刀塔的预定位。在不拆卸刀塔的情况下，手动控制刀塔电动机的转动和制动，通断预分度电磁铁电源，观察刀塔电动机、电磁制动器、预分度电磁铁以及插销的工作情况，测试结果表明一切动作正常，且每次动作预分度开关都有信号输出，这说明预分度开关也无问题。因此，最后故障锁定在刀位绝对式编码器上。

利用数控系统 PMC 诊断功能，按照机床制造厂提供的电气图，刀位信号对应的 PMC 地址是 X34.0～X34.3，刀位采用 8421 编码，如图 6-43 所示。

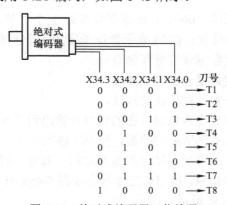

图 6-43　绝对式编码器刀位编码

手动转动刀架，在 PMC 状态诊断画面观察地址 X34.0～X34.3 的状态，结果刀位编码无任何变化，始终是 0001，表明绝对式编码器存在故障或电缆连接存在问题。测量编码器电源和输出信号，并与屏幕显示的编码相对照，编码器输出的刀位编码与屏幕显示相同，证明编码器到 PMC 的电缆无问题，故障在绝对式编码器自身上。

故障排除：

更换编码器。需要注意的是，编码器更换后，应耐心细致地调整编码器与转塔之间的对应关系，即换刀定位的调整需要反复进行。

1）打开 PMC 诊断页面，观察地址 X34.0～X34.3 中刀位编码状态。

2）转动编码器，使地址 X34.0～X34.3 的刀位编码与实际刀位相符，然后固定。

3）手动换刀操作使刀塔转动，若转塔不能定位或锁紧，可正、反向微调编码器的位置。

5）重复上述步骤，直到转塔每次都能准确定位和锁紧。

6）固定编码器。

 **加工中心圆盘式刀库 PMC 控制及故障诊断**

一、随机换刀

圆盘式刀库通常采用随机换刀控制以提高换刀效率，刀库中，刀具号与刀座号不一定是一一对应的。在随机换刀的 PMC 控制中，应建立与刀库相对应的数据表，通过对数据表的检索，找到指令刀具所对应的刀座号，从而对刀库进行选刀控制，换刀结束后，再对数据表进行刷新。实现这一功能的是 PMC 数据检索功能指令 DSCHB，图 6-44 所示为 DSCHB 指令格式。

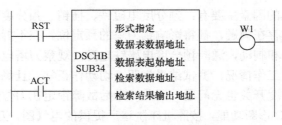

图 6-44　DSCHB 指令格式

形式指定：指定数据长度，0001 表示数据长度为 1 个字节，二进制数据；0002 表示数据长度为 2 个字节，二进制数据；0004 表示数据长度为 4 个字节，二进制数据。

数据表数据地址：指定数据表容量存储地址。

数据表起始地址：指定数据表的表头地址。

检索数据地址：指定检索数据所在的地址。

检索结果输出地址：将被检索数据所在的表内号输出到该地址。

如果在数据表中没有检索到所要的数据，则 W1 输出为 1。

在确定数据表容量时，通常把主轴也作为刀库的一部分，同时作为数据表的起始地址。例如，执行"M06 T06"换刀指令，换刀前刀库状态如图 6-45a 所示，对应的数据表如图 6-45b 所示，DSCHB 指令如图 6-45c 所示。

F7.3 为刀具功能选通信号，当 F7.3=1 时执行 DSCHB 指令。数据表中的表内号对应刀库（包括主轴）中的刀座号。表内号 0000 为主轴，首地址为 D0000；D200 为数据表容量（刀库容量）存储地址，本例中 D200 地址设定为 13；F26 为检索数据地址，对 T06 译码后，该地址中的值为数据表中的数据"6"。检索的结果是将数据"6"所在的表内号0004存储到检索结果输出地址D100中。也就说，通过DSCHB指令，PMC知道T06刀在04号刀座中，这样，就可以进行选刀控制了。换刀后数据表和刀库的状态请读者自行考虑。

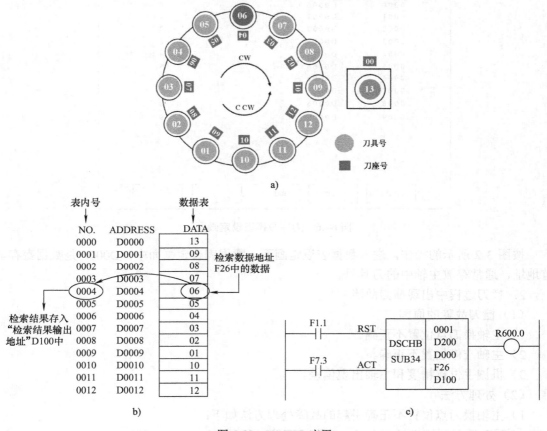

图6-45　DSCHB应用

a）刀库状态　b）数据表　c）DSCHB指令

二、常见故障及诊断

1. 刀库乱刀故障

刀库乱刀是指令刀具不是实际选择的刀具。乱刀故障会损坏刀具并使加工工件报废，严重时将损坏机床。圆盘式刀库采用随机换刀的方式，即每次换刀后刀座中的刀具号是变化的，与实际刀库相对应的系统数据表中的数据也在不断更新中。

（1）乱刀的故障原因

1）刀库计算器开关故障，使刀盘选刀步距数产生混乱。

2）操作者装刀过程中刀具混乱。

（2）处理方法

1）检查计数开关。

2）把刀库中的刀具卸下，刷新刀库数据表，按出厂时重新设定数据表，如图6-46所示，并将刀具按实际刀号装入对应的刀库刀套中。

```
PMC PRM  （DATA） 001/001    BIN                                    PMC RUN


        NO.          ADDRESS                        DATA
       0000          D0000                            0
       0001          D0001                            1
       0002          D0002                            2
       0003          D0003                            3
       0004          D0004                            4
       0005          D0005                            5
       0006          D0006                            6
       0007          D0007                            7
       0008          D0008                            8
       0009          D0009                            9




    [ C.DATA ]  [ G-SRCH ]  [ SEARCH ]  [       ]  [       ]  [       ]
```

图 6-46   刀库数据表设定画面

按图 3-2 所示的操作，进入数据表设定画面。数据表设定画面中，D0000 是数据寄存器首地址，通常存放主轴中的刀具号。

2．换刀过程中出现撞刀故障

（1）撞刀故障的原因

1）主轴换刀点位置不正确。

2）主轴准停位置不正确。

3）机械手位置精度和主轴出现偏差。

（2）处理方法

1）主轴换刀点位置不正确引起的故障处理方法如下：

① 手动返回到机床换刀点（一般为机床第二参考点）。

② 用手盘动机械手电动机，使机械手转到扣刀位置。

③ 调整主轴到换刀点，并记下机床坐标系的坐标值。

④ 把主轴换刀点的坐标值输入到系统第二参考点的参数 PRM1421 中。

2）主轴准停角度不正确引起的撞刀故障处理方法如下：

① 首先检查主轴一转信号不稳的原因，并排除故障。

② 重新调整主轴准停角度参数 PRM4077，使主轴端面键与机械手的键槽相对应。

3）机械手位置偏差引起的撞刀故障处理方法如下：

① 调整刀库支架的调整螺钉，保证机械手的上下、左右和前后位置。

② 调整机械手臂的位置，使机械手臂位置与刀库导套翻下时的刀柄位置和主轴刀柄位置处在同一水平面上。

3．换刀过程出现掉刀故障

（1）故障原因

1）机械手扣刀位置出现偏差。

2）机械手的刀具锁紧弹簧损坏。

（2）故障的处理

1）调整机械手位置，与机械手位置检测开关位置相对应。

2）更换机械手锁紧弹簧。

4．自动换刀没有完成故障（一般是超时报警）

故障的诊断过程及处理方法：

1）根据换刀动作时序图，查明换刀故障时执行到第几步。

2）借助系统梯形图的信号变化，查明故障发生时是前一个动作未结束还是后一个动作未开始。

3）判断是机械故障还是电气故障。

4）排除故障后，用手盘动机械手电动机使机械手回到原来位置。

例 6-8　某配置 FANUC 0iC 数控系统和圆盘式刀库的立式加工中心，在执行自动换刀过程中，刀库中刀套向下翻转 90°后机械手未执行抓刀动作而超时报警。

故障分析和诊断：

通过机械手分解动作可知，故障是因为机械手没有执行抓刀动作而超时报警。PMC 程序要求机械手抓刀动作执行的条件是：①刀套翻下到位检测开关接通；②机械手原位开关接通；③机械手电动机电路控制正常。

（1）检查刀套翻下到位开关是否接通

1）机械故障引起的刀套翻下不到位，修复机械部件。

2）刀套翻下到位检测开关不良或位置不当，更换检测开关或重新调整开关位置。

3）刀套翻下到位检测开关 PMC 输入接口故障，修理 I/O 板或修改 PMC 信号的输入地址。

（2）检查机械手原位开关是否接通

1）机械手没有在原位，调整机械手回原位。

2）机械手复位开关损坏或位置不良，更换开关或调整机械手使机械手和开关位置一致。

3）机械手复位开关 PMC 输入接口故障，修理 I/O 板或修改 PMC 信号的输入地址。

（3）检查机械手电动机运行条件是否满足

1）PMC 输出继电器不动作。检查系统 PMC 输出电路、继电器控制回路及继电器线圈是否正常。

2）机械手电动机的接触器控制电路故障。检查接触器控制电路和接触器线圈是否正常。

3）机械手电动机本身故障。修理或更换电动机。

本例中，在 PMC 状态诊断画面观察到刀套翻下到位检测开关对应的 X 地址为 0，说明该开关无信号输入到 PMC，系统认为刀套还未翻下，所以禁止后续的抓刀动作。现场进一步检查发现，安装在气缸上的刀套翻下到位检测开关损坏。

故障排除：

更换刀套翻下到位检测开关，执行换刀动作正常，故障排除。

思考题与习题

1. PMC I/O 外部开关接线中，源型输入和源型输出的特征是什么？

2．输入/输出开关与 I/O 地址有什么对应关系？在哪个诊断画面可观察到开关的通断状态？

3．某数控机床操作面板上的主轴倍率开关及输入地址如题图 6-1 所示。现出现主轴转速与倍率不吻合的现象，怀疑主轴倍率开关有问题。怎样用最便捷的方法判断该开关的好坏？

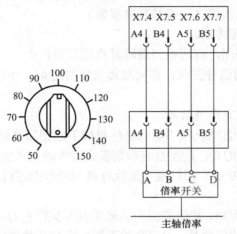

题图　6-1

4．怎样通过 PMC 报警号查找对应的 PMC 报警梯形图？

5．K 地址对 PMC 故障诊断有何作用？

6．系统在执行 M 代码指令后出现故障，通常是什么原因造成的？在系统诊断画面中，观察 000 诊断号显示是 1 还是 0 的目的是什么？

7．可变定时器（TMR）和固定定时器（TMRB）的区别是什么？

8．某数控车床电动转塔刀架（图 5-55）在某次换刀结束后出现预分度电磁铁插销不退回的故障，导致下一次换刀不能进行。试从刀架结构、动作过程以及电气控制等方面，说明故障可能产生的原因及诊断方法。

9．某配置斗笠式刀库的立式加工中心，在换刀过程中出现刀库伸出抓住主轴中刀柄后动作停止的故障。说明故障产生的原因及诊断方法；另外，为了便于现场检查，需将刀库退回，怎样实现这一动作？

10．电动四方刀架采用霍尔集成电路开关作为实际刀位的检测，结合四方电动刀架结构、动作过程及霍尔开关的介绍，讨论以下问题：

1）某四方刀架的霍尔开关布置及 I/O 输入地址如题图 6-2 所示，怎样判断地址 X3.0～X3.3 的通断状况？

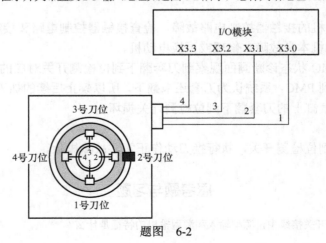

题图　6-2

2）实际刀位检测由如下二进制编码组成：

R120.2	R120.1	R120.0	
0	0	1	X3.0=1→T1
0	1	0	X3.1=1→T2
0	1	1	X3.2=1→T3
1	0	0	X3.3=1→T4

实际刀位检测梯形图如题图 6-3 所示。其中，F7.3 为 T 码选通信号，MOVE 功能指令执行的结果是将 R120 中的二进制值传输到 K001 中。问梯形图中，R120.0～R120.2 与 X3.0～X3.3 有怎样的对应关系？

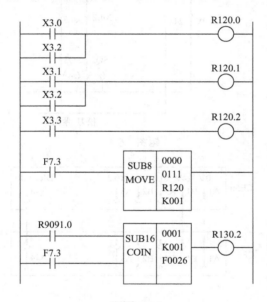

题图　6-3

3）F26 地址中为指令 T 码的二进制值，COIN 为比较功能指令，当实际刀位等于指令刀位时，COIN 指令输出 R130.2=1。问当执行 T03 换刀指令后，F26 和 R120 中的二进制值是怎样的？

4）若执行 T 码指令后，刀架抬起并旋转，但一直不停下来，可能是什么故障原因？

11．某加工中心打开机床电源后，未做任何操作，系统即显示报警"1061 主轴夹紧/松开异常"。该机床主轴结构和气动控制如图 5-45 和图 5-49 所示。维修人员进行了如下诊断过程：

1）首先手动操作电磁阀，刀具夹紧、松开动作正常。此步骤诊断说明什么问题？

2）检查电气图，松紧刀检测开关 I/O 地址及接线如题图 6-4 所示。该机床 I/O 采用操作盘 I/O 模块（图 6-1），松、紧刀检测为接近开关。在 PMC 状态画面，观察 X4.2 和 X4.3 状态，发现 X4.2 和 X4.3 均为 1，说明什么问题？

3）打开电气控制柜，检查*CE56 接线端子板上的连接，发现 A1 接线端子上连接的导线松脱，故障由此产生。将该导线拧紧，然后在机床操作面板上单击"复位"键，故障排除。

4）若端子板接线均正常，怀疑松、紧刀检测的接近开关安装或本身有故障，怎样在现场检查该开关的好坏？

12．某配置 FANUC 系统的数控机床，其 PMC 控制采用操作盘 I/O 模块（图 6-1），外部输入开关采用源型输入接线的方式。在某次故障维修中要更换 SQ03 接近开关，如题图 6-5 所示。

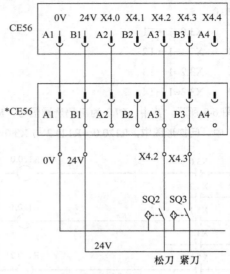

题图　6-4

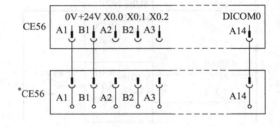

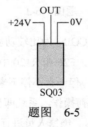

题图　6-5

问：

1）该接近开关应选用 PNP 还是 NPN 型？

2）该接近开关与输入地址 X0.1 对应，请在图上完成接线。

模块七　主轴驱动及控制故障诊断

三相交流异步电动机及变频器

一、三相交流异步电动机及变频调速

1. 三相交流异步电动机

当前，数控机床主轴普遍使用三相交流异步电动机进行驱动。三相交流异步电动机有普通异步电动机和变频专用异步电动机等类型。三相交流异步电动机由定子和转子组成，定子铁心中嵌有三相对称绕组，外接三相交流电源；转子通常为铸铝笼型结构，普通异步电动机（俗称笼型电动机）的转子上还安装有散热风扇，如图 7-1a 所示。变频专用异步电动机（图7-1b）由普通的笼型电动机发展而来，它把普通异步电动机中的散热风扇独立出来，由专门的散热电动机带动风扇；另外，变频专用电动机还提高了电动机定子绕组的绝缘性能。

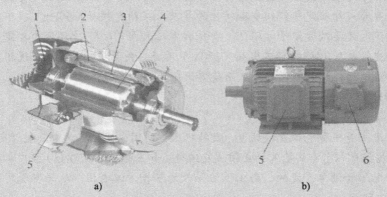

a)　　　　　　　　　　　　　　　b)

图 7-1　三相交流异步电动机

a）普通三相交流异步电动机　b）变频专用异步电动机

1—散热风扇　2—定子铁心　3—定子三相绕组　4—笼型转子　5—接线盒　6—冷却风扇接线盒

三相交流异步电动机的基本运行原理如图 7-2 所示。

三相交流异步电动机定子绕组（星形绕组或三角形绕组，如图 7-2b 所示）通入三相交流电后产生旋转磁场，其转速 n_0 称为同步转速，$n_0=60f/p$，p 为定子绕组极对数，为定值，f 为定子绕组电源频率，改变 f 即改变 n_0。旋转磁场切割转子铁心中的导条，并在导条中产生感应电流。这样，有感应电流的转子导条与旋转磁场相互作用产生电磁转矩，于是转子跟随旋转磁场以转速 n_M 旋转。因为在电动机运行状态时转子转速只能小于同步转速（$n_0 > n_M$），故称为异步电动机；又因为转子导条中的电流由旋转磁场感应而来，所以又称为感应电动机。电动机

的电磁转矩正比于定子电流，当负载增大时，定子电流增大，电磁转矩随之增大，同时引起定子绕组发热。当电源频率 f 下降时，旋转磁场转速 n_0 随之下降，但由于转子机械惯性，转子转速 n_M 瞬间维持不变，此时，转子转速大于旋转磁场转速（$n_M > n_0$），电动机处于发电制动状态，即有电流从电动机绕组中流出。

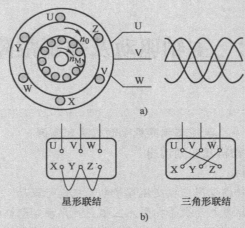

图 7-2　三相交流异步电动机运行原理

a）磁场转速和转子转速　b）接线盒接线

2. 变频调速

三相交流异步电动机变频调速通常有 U/f 控制方式和矢量控制方式。U/f 控制方式中，为满足三相交流异步电动机定子绕组电磁特性的要求，在额定频率（50Hz）以下变频调速时，改变频率 f 的同时还要改变定子电压 U，并保持电压频率（U/f）比不变；额定频率以上变频调速时，定子绕组电压 U 保持额定电压（380V）不变。矢量控制方式中，通过矢量变换运算实现对三相交流电动机的电流控制，从而获得优良的调速性能。

二、变频器

1. 概述

变频器本质上是一种电源变换装置，数控机床中所用的变频器为电压型"交-直-交"变频器。变频器根据控制信号，将输入的正弦波交流电（如三相 380V/50Hz）经内部控制电路和功率开关，输出电压和频率可变的、与正弦波等效的三相方波电压，从而实现对电动机的变频调速，如图 7-3 所示。

变频器的输入信号包括 $0\sim+10V$ 的频率给定电压，以及正转、反转、停止和报警等开关信号，有些变频器的控制信号还可以是总线形式的数字信号；变频器的输出信号包括报警、变频器运行状态等信号。频率给定电压与变频器输出电源频率成线性关系，改变给定电压的大小即可改变输出频率的高低，从而实现变频调速。例如，设给定电压 10V 对应输出频率为 50Hz，若变频器接 2 对极（$p=2$）三相异步电动机，则电动机转速约为 1470r/min；若给定电压为 5V，根据前述线性关系，变频器的输出电源频率为 25Hz，此时，电动机转速约为 735r/min。

U/f 控制方式的变频调速通常无速度检测，能满足一般的速度控制要求，但在低频运行时有电动机转矩下降的现象，可通过变频器的电压补偿（又称转矩提升）参数设定来改善。另外，为克服低频低速时普通异步电动机靠自身风扇散热困难的问题，可采用变频专用电动机。U/f 控制方式的变频器通常用于普通数控车床的主轴控制中，为扩大主轴的调速范围，主轴通常采用齿轮换挡。

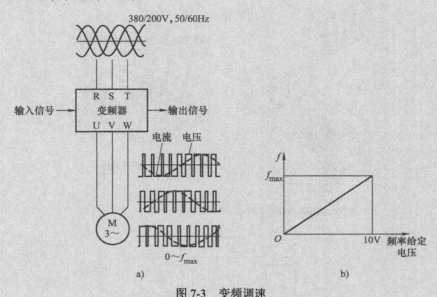

图 7-3　变频调速

a）变频器输出电压和电流　b）频率给定

矢量控制方式根据电动机上是否安装有编码器，分为有编码器的矢量控制和无编码器的矢量控制。矢量变频控制具有优异的调速性能，表现为速度精度高、调速范围宽、低频转矩大等。矢量控制方式的变频器通常用于高性能的数控机床主轴控制中，除了速度控制外，还可进行主轴定向、定位、刚性攻螺纹及主轴伺服等控制。

2. 变频器基本组成

变频器由主电路、控制电路（微处理器、检测电路、驱动电路及保护电路）、输入/输出电路、辅助电源及操作面板和显示单元等组成，如图 7-4 所示。

变频器主电路为电压型 "交-直-交" 的形式，如图 7-5 所示。

（1）整流和滤波　整流和滤波电路通常由二极管整流模块和大容量电解电容等组成，其作用是把输入的正弦波交流电转换成直流电，如输入电压为 380V 时，整流滤波后的平均直流电压为 530V，该直流电压称为直流母线电压。母线中串接快速熔断器，以防止母线过流对整流模块和逆变模块的影响。另外，为了抑制整流产生的电流高次谐波对电网的影响，变频器输入端要安装电抗器，小容量变频器内置有电抗器，大容量变频器需外置电抗器。

（2）逆变　逆变电路就是基于正弦波脉冲宽度调制（SPWM）技术，通过对 $VT_1 \sim VT_6$ 绝缘栅双极晶体管（IGBT）大功率晶体开关的导通和截止控制，将直流母线电压变换为电压和频率均可变的、与三相正弦波等效的三相方波电压输出。由于电动机定子绕组电感的作用，三相绕组中的电流是含有高次谐波的正弦波。驱动电路对 IGBT 进行触发导通或截止控制，保护电路对 IGBT 进行过电压、过电流及过热等保护。最新的功率开关是智能功率模块（IPM），该模块将 IGBT、驱动电路和保护电路等集成在一个模块中。

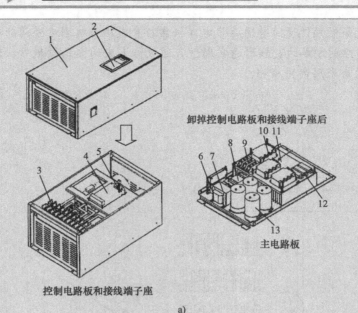

控制电路板和接线端子座

a)

b)

图7-4　变频器组成

a）内部结构　b）组成框图

1—外壳　2—操作及显示面板　3—接线端子座　4—控制电路板　5—散热风扇
6—限流电阻　7—工频变压器　8—接触器　9—整流模块　10—逆变模块（IPM）
11—热敏电阻　12—制动电阻　13—滤波电容

电动机在降频减速或制动过程中处于发电状态，其输出的电流经续流二极管 $D_1 \sim D_6$ 和直流母线向滤波电容充电，引起直流母线电压上升。

（3）制动　变频器制动有能耗制动和回馈制动两种方式。在能耗制动方式中，如图7-5a 所示，当母线电压超过限定值时，变频器控制电路根据检测到的直流母线电压，输出控制信号使制动单元 V_B 导通，母线电压向能耗制动电阻 R_B 释放能量，电动机进行能耗制动。正常运行时，制动单元截止。为了适应电动机频繁起动、停止及正反转切换的需要，有些大功率变频器采用电网回馈制动的方式，如图7-5b 所示。采用回馈制动方式的变频器，其整流部分由 IGBT 或 IPM 组成，电动机运行时，IGBT 或 IPM 处于整流状态；电动机降频减速或制动时，IGBT 或 IPM 为逆变状态，将泵升电压逆变为三相交流电回馈给电网，实现回馈制动。

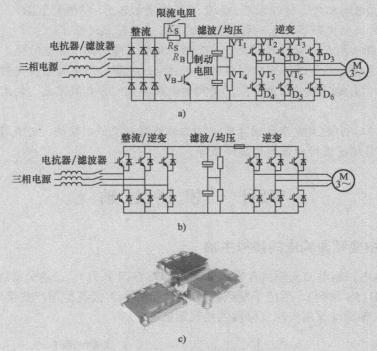

图 7-5 电压型交-直-交变频器主电路

a）具有能耗制动的主电路　b）具有回馈制动的主电路　c）智能功率模块（IPM）外观

（4）限流　在变频器接入电源的瞬间，有一个很大的冲击电流经整流桥向电容充电，为限制充电电流，在整流桥前或后设置限流电阻 R_S。当变频器上直流母线电压上升一定值时，控制电路使接触器触点 K_S 闭合，将限流电阻 R_S 短接，以避免因限流电阻长期接入而降低直流母线电压。

（5）检测　检测电路通过电流传感器、温度传感器及电压传感器对变频器的输出电流、功率模块温度及直流母线电压进行检测，实现制动、限流、散热等控制，并进行故障报警。

（6）输入和输出　输入和输出电路包括变频器的频率给定输入、开关量控制输入，以及报警开关输出、变频器运行状态开关输出等。

（7）操作和显示　变频器上的操作和显示面板可实现变频器的基本控制（正、反转起动，停止及点动等）、变频器运行参数设置和报警显示等。

（8）辅助电源　变频器内置有辅助电源，将取自变频器输入电源或直流母线电压转换成+5V、+15V 和+24V 电源，供变频器中控制电路、检测电路、驱动电路、输入/输出电路及显示等使用。辅助电源是变频器能正常运行的重要保证。

3. 保护和报警

变频器有完善的保护和报警功能，如过载、过电流、过电压、过热及欠电压等保护。

（1）过载　引进过载的因素有：负载增大，使变频器输出电流增大，若电流达到

1.5 倍变频器额定电流且超过 1min 时，变频器会产生过载报警，严重时会使变频器跳闸断电。

（2）过电流　引起过电流的因素有：①变频器频率上升时间（加速时间）过短引起加速电流过大；②电动机定子绕组短路；③变频器逆变电路上、下桥臂 IGBT 或 IPM 短路等；④对 U/f 控制方式的变频器，电压补偿设定过多，造成轻载过电流。

（3）过电压　引起过电压的因素有：变频器频率下降时间（减速时间）过短引起母线电压升高，当泵升电压超过一定限制值时产生过电压报警，严重时会使变频器跳闸断电。

（4）过热　引起过热的因素有：①变频器散热不良；②负载过大，电流增加，引起温度升高等。

（5）欠电压　引起欠电压的因素有：①三相进线电压低或缺相，造成母线电压降低；②整流桥故障引起整流后的母线电压降低等。

项目一　模　拟　主　轴

任务 1　由变频器构成的模拟主轴

目前，作为主轴驱动的变频器有安川变频器（G5/GT8 系列）、三菱变频器（A540 系列）、富士变频器（G115S 系列）、西门子变频器（MM440 系列）及其他国产变频器，图 7-6 所示为某数控车床主轴驱动采用安川变频器的接线示意图。

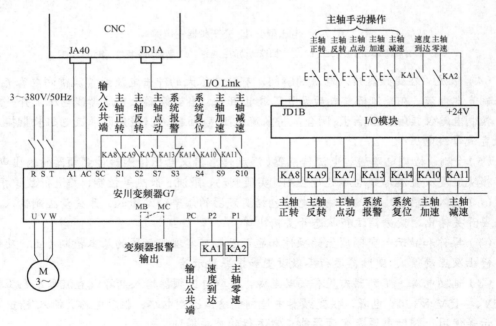

图 7-6　变频器接线示意图

FANUC 0iC 系统进行模拟主轴控制时，参数 PRM3701#1 设定为 1，若模拟主轴出现故障，维修时可将该参数设定为 0，以屏蔽模拟轴。

一、数控系统到变频器的信号

1. 变频器频率给定电压

数控系统根据主轴倍率及主轴齿轮挡位传动比的设定值，将程序中的主轴转速指令（S指令）转换成相应的模拟电压（0～+10V），经数控系统模拟输出接口（JA40）传送到变频器A1-AC 模拟量电压频率给定端，从而实现对主轴三相交流异步电动机的速度控制。

2. 主轴正、反转信号

在手动操作（JOG）或自动操作（AUTO）方式时实现主轴正转、反转及停止控制。在JOG 方式下，通过机床操作面板上的正转或反转信号按钮，经数控系统 PMC 输出控制信号，分别由继电器触点 KA8 或 KA9 接通变频器 S1-SC 端或 S2-SC 端，实现主轴的正转、反转起动控制；按下操作面板上的停止按钮，则 S1-SC 或 S2-SC 断开，电动机减速停机。在 AUTO方式下，执行 M03 或 M04 指令及 M05 指令，经 PMC 对继电器触点 KA8 或 KA9 进行通、断控制，实现主轴正转、反转起动及停止控制。

3. 主轴点动信号

系统在 JOG 方式下，通过机床操作面板上的主轴点动按钮，经 PMC 控制使继电器触点 KA7动作，变频器 S7-SC 端接通，主轴电动机以点动的速度转动，点动频率由变频器参数设定。

4. 主轴加速、减速信号

在 JOG 方式下，通过机床操作面板上的主轴加速或减速按钮，经 PMC 控制使继电器触点 KA10 或 KA11 动作，变频器 S9-SC 或 S10-SC 端接通，变频器输出频率连续上升或下降，直到主轴加速或减速按钮释放为止，以实现主轴的升速或降速。在有些数控机床操作面板上，用主轴倍率开关取代主轴加减速开关，以实现主轴转速的修调。

5. 系统报警

当数控机床出现故障时，故障信号通过 PMC 控制使继电器触点 KA13 动作，变频器 S3-SC端接通，使变频器和主轴电动机停止运行。如果在自动加工时进给驱动突然出现故障使进给停止，则进给故障信号经 PMC 控制使变频器和主轴电动机立即停止运行，从而避免打刀事故的发生。

6. 系统复位信号

系统复位时，复位信号通过 PMC 控制使继电器触点 KA14 动作，变频器 S4-SC 端使变频器复位。如果变频器受到干扰出现故障，可以通过数控系统面板上的复位键（RESET）进行复位，而不用切断电源再重新上电来进行复位。

二、变频器到数控系统的信号

1. 变频器故障信号

当变频器出现故障时，一方面，变频器输出端 MB-MC 内部动开（常闭）触点断开，经外部控制电路将变频器输入电源断开，主轴电动机停止转动。

2. 主轴速度到达信号

主轴电动机起动且到达设定的转速时，变频器输出端 P2-PC 接通，继电器触点 KA1 经 PMC控制通知数控系统主轴转速已到达。在自动加工时，主轴速度到达信号可作为切削进给开始的条件。例如，系统在执行 G01、G02 和 G03 等进给切削指令前，要进行主轴速度到达信号的检测，数控系统只有检测到该信号，切削进给才能开始，否则系统进给指令处于待机状态。

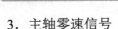

3．主轴零速信号

主轴电动机停止且转速为零时，变频器输出端 P1-PC 接通，继电器触点 KA2 经 PMC 控制通知数控系统主轴已零速停止。主轴零速信号通常作为机床某些动作开始的条件。例如，当数控车床采用液压卡盘时，数控系统检测到主轴转速为零时才能对卡盘进行夹紧或松开的控制；再如，机床主轴采用液压齿轮换挡时，在换挡前，主轴必须先停止，系统在接收到主轴零速信号后，才能进行换挡液压缸的控制。

任务 2　变频器参数设定

1．控制方式选择

功能码为 A1-02，设定"0"为 U/f 控制；"1"为带速度反馈的 U/f 控制；"2"为开环矢量控制模式 1；"3"为带速度反馈的闭环矢量控制；"4"为开环矢量控制模式 2。变频器用于数控机床主轴控制，通常设定为 U/f 控制方式或开环矢量控制方式。

2．频率给定方式选择

功能码为 b1-01，设定"0"为面板给定，即通过变频器操作面板上的∧（增加键）或∨（减少键）来给定频率；"1"为外部端子给定，即由模拟量电压给定频率；"2"为总线通信给定。变频器的输出频率由输入端 A1-AC 的（0～+10V）调整。

3．加速时间设定

功能码为 C1-01，用于设定变频器从起动到给定运行频率所需的时间，设定过短会引起过电流报警。

4．减速时间设定

功能码为 C1-02，用于设定变频器从运行频率到停止所需的时间，设定过短会引起直流母线过电压报警。

5．停止方式选择

功能码为 b1-03，设定"0"为降速停止，在减速过程中，频率按减速设定时间降至 0Hz 为止；"1"为自由停止，即减速开始频率即为零，电动机靠惯性停止；"2"为直流制动停止，减速过程中，频率先降至某设定频率，变频器再输出直流电至电动机定子绕组快速制动；"3"为有时间限制的自由停止，即在减速过程中频率先降至某一设定频率，再直接为零，减少自由停止时间。

6．电动机热保护动作时间

功能码为 L1-02，用于设定超过电动机额定电流 1.5 倍的动作时间，设定范围为 1～5min。

项目二　串行主轴

任务 1　FANUC 主轴电动机及主轴放大器

一、FANUC 主轴电动机

FANUC 交流主轴电动机是一种变频专用电动机，图 7-7 所示是 FANUC αi 交流主轴电动机外观及组成。

散热风扇及电动机

磁电传感器（Mi/MZi）

图 7-7 FANUC αi 交流主轴电动机外观及组成

FANUC αi 交流主轴电动机定子没有机壳，定子铁心外形呈多边形，铁心边缘上有轴向通风孔，电动机后端部有独立电源供电的冷却风扇，对主轴电动机进行强制冷却，定子铁心在空气中直接散热，定子绕组通过外部接触器可进行 Y-△切换；转子与普通三相交流电动机相同，为铸铝转子。另外，定子绕组中还安装有热敏电阻，当电动机由于过载或绕组短路引起绕组温度升高到一定值时，热敏电阻阻值发生变化，主轴放大器中的温度检测电路监测到电阻值的变化，经串行总线反馈给数控系统，数控系统经判别和处理后立即停止有关主轴的控制信号，并发出主轴电动机过热或过载的报警。

FANUC αi 主轴电动机中的磁电传感器用于转子测速和角位移测量，有 128 脉冲/转、256 脉冲/转、512 脉冲/转等规格，不带一转信号的为 Mi 系列，带一转信号的为 MZi 系列。

αi 系列不同型号的主轴电动机均有各自的代码，见表 7-1。不同型号主轴电动机的参数均存储在 FANUC 主轴放大器中，主轴电动机矢量变频控制时，主轴放大器根据给定的主轴电动机代码获取电动机的参数并进行矢量运算。

表 7-1 αi 系列串行主轴电动机的代码

电动机型号	代 码	电动机型号	代 码
α3/10000i	308	α40/6000i	323
α8/8000i	312	αP30/6000i	411
α6/12000i	401	αP50/6000i	413
α12/7000i	314	αC3/6000i	242
α15/7000i	316	αC6/6000i	243
α22/7000i	320	αC8/6000i	244
α22/10000i	406	αC12/6000i	245
α30/6000i	322	αC15/6000i	246

二、FANUC αi 系列放大器

FANUC αi 系列放大器由电源模块（PSM）、主轴模块（SPM）和伺服模块（SVM）组成，与 αi 系列主轴电动机和伺服电动机配套，通常用于 FANUC 16i/18i/21i/0iC/0iD 等数控系统。其中，主轴模块因为与数控系统进行串行通信，又称串行主轴放大器，由此构成的主轴驱动称为串行主轴。图 7-8 所示为 FANUC αi 系列放大器外观和组成，图 7-9 所示为 FANUC αi 系列放大器中电源模块和主轴模块的接口及状态显示。

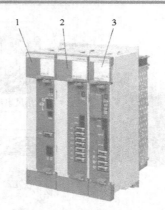

图 7-8　FANUC αi 系列放大器外观及组成

1—电源模块（PSM）　2—主轴模块（SPM）　3—伺服模块（SVM）

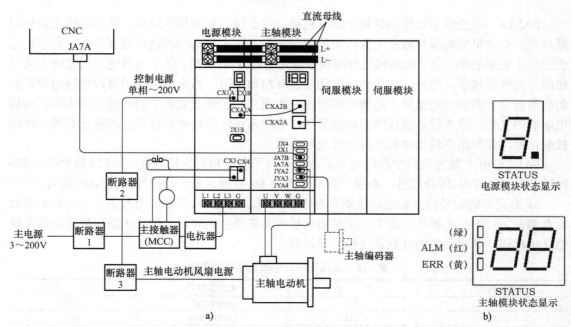

图 7-9　电源模块和主轴模块接口及状态显示

a）外部接线　b）状态显示

FANUC αi 系列放大器是一种直流共母线变频器，从主电路角度看，电源模块包含有整流和滤波部分，将输入的三相交流电转换成直流母线电压，主轴模块和伺服模块各包含逆变部分，共用直流母线电压，经逆变生成主轴电动机和伺服电动机的驱动电源。

1. 电源模块类型

电源模块由主电路板和控制电路板组成。控制电路板可以从主电路板中拔出和插入。主电路板包括整流、滤波电路，由此可生成直流母线电压；另外，它还包括辅助电源，可生成+5V、+15V 以及+24V 电源。控制电路可进行限流、制动、急停等控制。电源模块有三种类型：

（1）PSM 电源模块　该模块输入电源为三相交流 200～240V，直流母线电压为 300V，电网回馈制动方式。

（2）PSMR 电源模块　该模块输入电源为三相交流 200～240V，直流母线电压为 300V，能耗制动电阻制动方式。

（3）PSM-HV 电源模块　该模块输入电源为三相 400～480V，直流母线电压为 600V，电网回馈制动方式。

2．电源模块接口

L1、L2、L3、G：电源模块三相交流电源进线端。

L+、L−：直流母线电压"+"、"−"端。

CX1A：单相交流 200V 输入，经内部辅助开关电源得到+5V、+15V 及+24V 控制电源，其中，+5V、+15V 供电源模块内部电路使用，+24V 除为电源模块内置冷却风扇提供电源外，另由 CXA2A 口输出。

CX1B：单相交流 200V 输出，为大容量的电源模块、主轴模块配置的散热器冷却风扇提供电源。

CXA2A：除了为主轴模块和伺服模块提供+24V 电源外，还可以在模块之间进行串行信息和急停信号传递。

JX1B：该接口功能封闭。

CX3：电源模块三相交流主电源接触器（MCC）控制信号接口。

CX4：急停信号接口。

功率模块在正常情况下，CX3 端内部触点闭合，主电源接触器（MCC）线圈得电，触点闭合，主电源线路接通。当 CX4 端有急停信号（*ESP）输入时，内部控制电路使 CX3 内部触电断开，主电源接触器（MCC）失电，主电源线路断开，电源模块断电，主轴电动机和伺服电动机均停止。

电源模块上有一个状态显示窗口，显示"—"，表示电源模块启动未就绪；显示 0，表示电源模块已准备好；显示代码，表示电源模块报警，代码右下角有"."为预报警提示，并在规定时间内转换为报警代码。电源模块在预报警显示期间可以继续运行。表 7-2 为 FANUC αi 系列电源模块 LED 报警代码及 CNC 报警号。

表 7-2　FANUC αi 系列电源模块 LED 报警代码及 CNC 报警号

电源模块 LED 报警代码	CNC 报警号	报警内容	主要原因和排除方法
1	437	输入电路过电流	1．输入电源电压不平衡，检查输入电源 2．IPM 故障，更换 IPM
2	443	冷却风扇停止	1．控制电路板冷却风扇故障，检查风扇状态 2．更换控制电路板冷却风扇
3	431	主电路过载	1．主电路冷却风扇故障，检查风扇状态 2．更换主电路冷却风扇 3．清洁过滤器 4．过载，检查运行状况 5．控制电路板安装不结实，按下控制电路板

（续）

电源模块 LED 报警代码	CNC 报警号	报 警 内 容	主要原因和排除方法
4	433	主电路直流母线电压低	1. 若瞬间发生，检查输入电源线路 2. 输入电源电压低，检查输入电源
5	442	主电路直流母线充电异常	1. 电源模块容量不够，检查电源模块的规格 2. 直流母线短路，检查母线连接 3. 限流电阻故障，更换限流电阻连接板
6	432	控制电路电压低	输入电源电压低，检查输入电源及线路连接
7	7n11	主电路直流母线电压高	1. 电源模块容量不够，主轴电动机或伺服电动机减速或制动时引起直流母线过电压 2. 电源阻抗过高，回馈制动时回馈电流受到限制，检查电源主接触器触点电阻 3. 急停状态下，因主电路电源切断而造成直流母线过电压
8	605	再生电流过大	1. 对 PMSR 电源模块，能耗制动电阻容量不足，检查制动电阻规格 2. 对 PMSR 电源模块，制动控制电路故障，更换 PMSR 电源模块
A	606	散热器冷却风扇停止	1. 控制电路板冷却风扇故障，检查控制电路板的冷却风扇状态 2. 控制电路板安装不实，按下控制电路板
E	7n04	输入电源缺相	1. 输入电源缺相，检查输入电源 2. 电源线路故障，检查主接触器触点及线路连接

注：n 为主轴轴号，为 1 时，表示第 1 轴；为 2 时，表示第 2 主轴。

3. 主轴模块

主轴模块由主电路板和控制电路板组成，控制电路板可从主电路板中拔出和插入。主电路板包括 IPM 逆变电路，控制电路板通过与数控系统的串行通信，以及主轴电动机上的磁电传感器或主轴编码器的反馈信号，经矢量计算及速度和电流控制，最后控制 IPM 的导通或截止，从而生成三相交流电，供主轴电动机实现变频调速，同时实现主轴定位、定向、刚性攻螺纹及 C_s 轴轮廓等功能的控制。另外，主轴控制电路板还有温度、电流及电压等检测电路，用于故障监控和报警。

接口说明如下。

U、V、W、G：主轴电动机动力线连接端。

CX2AB：除接收电源提供的 +24V 电源外，还可在模块之间进行串行信息和急停信号传递。

CXA2A：除为后续模块提供的 +24V 电源外，还可在模块之间进行串行信息和急停信号传递。

CXA2B：连接下一模块上的 CXA2A。

JX4：主轴伺服信号检测板接口。通过主轴模块状态检测板可获取主轴电动机磁电传感器和主轴编码器的信号。

JX1：外接主轴负载表接口和速度表接口。

JA7B：串行主轴输入信号接口，与 CNC 系统的 JA7A 接口连接。

JA7A：连接第 2 串行主轴信号输出接口。

JYA2：连接主轴电动机内置磁电传感器和温度传感器信号接口。

JYA3：主轴一转位置信号或主轴独立编码器连接接口。

JYA4：主轴 C_s 轴传感器信号接口（选择配置）。

主轴模块上有状态显示窗口，指示主轴的运行状态和报警，LED 显示"－－"且闪烁时，表示等待 CNC 串行通信以及参数装载，显示"－－"时，表示参数装载完成，但主轴电动机尚未激活，显示 00 时，表示主轴驱动已准备好，主轴电动机已激活，可以进行正常运行。若显示报警代码，表示主轴故障或错误信息，同时在数控系统上显示相应的报警号，参见表 7-3。另外，在状态显示窗口旁有 3 个发光二极管，显示绿色表示主轴模块控制电路电源正常；ALM 显示红色，表示主轴模块检测出故障；ERR 显示黄色，表示主轴模块检测出错误信息。

三、FANUC βi SPVM 放大器

FANUC βi SPVM 放大器相当于将 αi 系列放大器中的电源模块、主轴模块及伺服模块集成在一起，其面板上的接口定义和功能与 αi 系列放大器基本一致。βi SPVM 放大器内置的整流和滤波电路生成的直流母线电压同时供主轴驱动逆变和伺服驱动逆变，主轴和伺服均采用矢量控制，主轴及伺服电动机减速或停止采用回馈制动方式。βi SPVM 放大器与数控系统有两条控制总线：一是主轴串行总线，用于主轴电动机控制；二是伺服串行总线（FSSB），用于伺服电动机控制。βi SPVM 放大器有三路反馈信号：一是伺服电动机编码器及温度反馈信号；二是主轴电动机编码器及温度反馈信号；三是主轴独立编码器或一转接近开关反馈信号。有关伺服接口信号的知识参见本书模块八项目一的有关内容。

βi SPVM 放大器与 βiS 系列主轴电动机和伺服电动机配套使用，一个 βi SPVM 放大器可配置一个主轴和两个伺服轴，组成数控车床主轴和进给驱动；或者配置一个主轴和三个伺服轴，组成数控铣床主轴和进给驱动。图 7-10 所示为 βi SPVM 放大器外观。

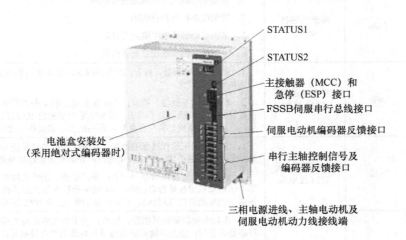

图 7-10 FANUC βi 系列 SPVM 放大器外观

βi SVPM 放大器上有两个 LED 数码指示窗口，其中，STATUS1 显示的是有关电源和主轴的运行状态和报警指示，并且其显示的代码及 CNC 报警号与 αi 系列主轴模块基本一致，STATUS2 显示的是有关伺服驱动的运行状态和报警指示。

任务 2　串行主轴报警及初始化

一、LED 代码和 CNC 报警号

主轴驱动报警有三种表现形式：一是主轴放大器（αi 系列主轴模块或 βi 系列 SPVM 放大器）上的 LED 代码；二是 CNC 报警号；三是系统主轴监视画面中的报警代码。其中，LED 代码和 CNC 报警号是相互对应的，表 7-3 为部分主轴放大器 LED 显示及 CNC 报警。

表 7-3　主轴放大器 LED 代码显示及 CNC 报警号（部分）

主轴模块 LED 代码	CNC 报警号	报警内容	主要原因和排除方法
01	7n01	电动机过热	1. 切削过程中报警，检查：①主轴电动机后端的冷却风扇工作是否正常；②环境温度是否过高；③切削量是否过大 2. 轻载情况下报警，检查：①主轴起动、制动是否频繁；②主轴电动机参数设定是否准确，若不准确，根据主轴电动机的 ID 代码，重新主轴初始化 3. 主轴电动机温度低时报警，检查：①主轴电动机反馈电缆是否有故障；②控制电路板是否有故障；③主轴电动机热敏电阻是否有故障
02	7n02	速度偏差过大	1. 主轴电动机加速过程中报警，检查：①加/减速时间参数 PRM4082 设定是否过短；②主轴电动机磁电传感器参数设定是否正确 2. 切削过程中报警，检查：①切削量是否过大，过大可能造成过载；②主轴电动机输出限制参数设定是否有误，如输出限制模式参数 PRM4028 设定，输出限制值参数 PRM4029 设定；③主轴电动机参数设定是否准确，若不准确，根据主轴电动机的 ID 代码，重新主轴初始化
03	7n03	直流母线熔断器熔断	1. 检查主轴模块中直流母线熔断器是否良好 2. 动力线接地是否良好 3. 主轴电动机绕组接地是否良好 4. IPM 是否有故障
06	7n06	温度传感器断线	1. 主轴电动机反馈电缆是否有故障 2. 控制电路板是否有故障 3. 主轴电动机热敏电阻是否良好 4. 主轴电动机参数设定是否准确
09	7n09	主电路过载/IPM 过热	1. 切削过程中报警，检查：①主轴模块冷却风扇及散热器工作是否正常；②切削量是否过大 2. 轻载情况下报警，检查：①主轴起动、制动是否频繁；②主轴电动机参数设定是否准确，若不准确，根据主轴电动机的 ID 代码，重新主轴初始化；③控制电路板安装是否良好，若不结实，切实按下控制电路板
12	7n12	直流母线过流/IPM 过电流	1. 主轴电动机运行过程中报警，检查：①散热器是否有灰尘堆积影响散热；②IPM 是否损坏；③主轴电动机内置磁电传感器信号是否正常 2. 刚给出主轴旋转指令即产生报警，检查：①动力线绝缘是否有故障；②主轴电动机绝缘是否有故障；③主轴电动机参数设定是否准确，若不准确，根据主轴电动机的 ID 代码，重新主轴初始化；④IPM 是否有损坏
27	7n27	位置编码器断线	1. 主轴电动机旋转时报警，检查：①主轴传感器与主轴模块之间的电缆屏蔽是否良好；②主轴编码器电缆是否与动力线电缆捆扎在一起，应单独捆扎或动力线加屏蔽 2. 触动电缆时报警，检查：①连接器接触是否良好；②主轴传感器与主轴模块之间的电缆是否良好 3. 主轴电动机断电时报警，检查：①确认主轴编码器参数设定是否正确；②主轴编码器反馈电缆是否断线；③主轴模块控制电路板是否良好

注：n 为主轴轴号，为 1 时表示第 1 轴；为 2 时表示第 2 主轴。

二、主轴监视画面

主轴监视监视画面（参见模块三图 3-16）中包括如下几部分：

（1）报警（ALARM）　以代码形式提示串行主轴故障时的报警。例如，01 号报警表示在急停未解除及机械未准备好时，即执行主轴正转、反转或定向指令。

（2）操作方式（OPERATION）　显示的是主轴当前的控制功能，如速度方式、定向方式、刚性攻螺纹方式、同步方式及 C_s 轴轮廓控制方式等。

（3）主轴速度（SPINDLE SPEED）　显示的是主轴当前转速。

（4）主轴电动机速度（MOTOR SPEED）　显示的是主轴电动机当前的转速，该转速由主轴电动机内置的磁电传感器检测获得。主轴电动机转速与主轴转速之比即为当前主轴挡位的传动比。

（5）主轴（SPINDLE）　显示当前监视的主轴轴号。FANUC 0i 系统可连接 2 个串行主轴放大器，S1 为第 1 主轴，S2 为第 2 主轴。

（6）负载表（LOAD METER）　显示主轴电动机当前的载荷状况，当主轴驱动产生过载、过热及过电流报警时，通过负载表可反映主轴电动机实际的负载状况。

（7）控制输入/输出（CONTROL INPUT/OUTPUT）　以助记符的形式反映了当前串行主轴控制时 CNC 与 PMC 之间的控制信号，如 PMC 输入到 CNC 的"机械准备好"信号 MDRY（G70.7）、CNC 输出到 PMC 的"速度检测"信号 SDT（F45.2）。

三、主轴参数初始化

（1）主轴参数操作　主轴参数初始化就是根据主轴电动机的 ID 代码进行标准参数自动设定，操作过程：

1）系统急停并打开电源。

2）将主轴电动机 ID 代码设定到参数 PRM4133 中。

3）将自动设定串行主轴标准值参数 PRM4019#7 置 1。

4）关闭电源再打开，主轴标准参数被写入。

（2）厂家设置的主轴参数恢复　主轴参数初始化操作后，还要恢复机床厂家设置的主轴参数，包括如下参数：

1）主轴齿轮挡位最高速度参数 PRM3741～3744。

2）主轴齿轮挡位传动比参数 PRM4056～4059。

3）主轴定向准停角度参数 PRM4077。

4）主轴定向或换挡速度参数 PRM3732。

5）主轴速度、位置和一转信号检测装置设定参数 PRM4000～4015。

任务 3　串行主轴配置

FANUC 0iC 系统进行串行主轴控制时，参数 PRM3701#1 设定为 0，若串行主轴出现故障，维修时可将该参数设定为 1，以屏蔽串行主轴。串行主轴根据主轴电动机内装的磁电传感器和主轴上传感器的不同配置，实现主轴各种控制功能。

一、主轴电动机内装磁电传感器

利用主轴电动机内装的 MZi 编码器（带一转信号）发出的主轴速度、主轴位置及主轴一转信号实现主轴准停（又称主轴定向）、刚性攻螺纹、车螺纹、同步及 C_s 轴轮廓控制等，这种方式适用于主轴电动机与主轴直连或传动比为 1:1 的场合，如图 7-11 所示，相关系统参数设定见表 7-4。

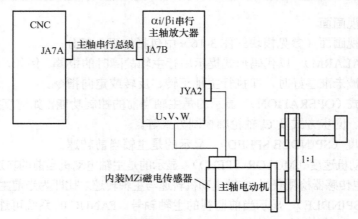

图 7-11　主轴电动机内装磁电传感器（MZi）的配置

表 7-4　FANUC 0i 系统主轴电动机内装磁电传感器（MZi）参数设定

系 统 参 数	设 定 值	说　　　明
4000#0	0/1	主轴与主轴电动机旋转方向相同/相反
4002#0	1	使用主轴电动机内装磁电传感器作位置检测
4010#0	1	电动机内装带一转信号的传感器（MZi）
4015#0	1	主轴定向功能有效
4056	100	主轴与主轴电动机的传动比为 1:1

二、主轴外接独立编码器

主轴编码器通常用同步带与主轴 1:1 连接，它是带一转信号的增量式编码器。主轴电动机内装 Mi 磁电传感器（不带一转信号），利用主轴编码器发出的主轴速度、主轴位置及主轴一转信号实现主轴准停、刚性攻螺纹、车螺纹、同步及 C_s 轴轮廓控制等。这种方式适用于主轴电动机与主轴之间有机械传动（传动带或齿轮）的场合，如图 7-12 所示，相关系统参数设定见表 7-5。

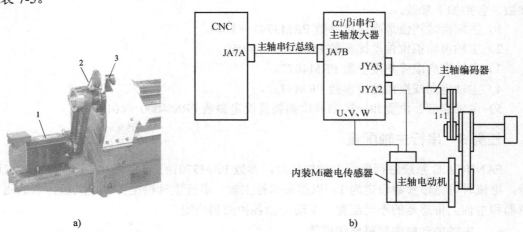

图 7-12　主轴外接独立编码器
a）数控车床主轴编码器　b）配置
1—主轴电动机　2—同步带　3—主轴编码器

表 7-5 FANUC 0i 系统主轴外接独立编码器参数设定

系 统 参 数	设 定 值	说 明
4000#0	0/1	主轴与主轴电动机旋转方向相同/相反
4001#4	0/1	主轴与编码器旋转方向相同/相反
4002#1	1	使用主轴外接编码器为主轴位置反馈
4010#0	0	主轴电动机内装不带一转信号的传感器（Mi）
4015#0	1	主轴定向功能有效
4056～4059	实际设定	电动机与主轴各挡的齿轮比

三、主轴外接接近开关

主轴 1 上有感应块 2，与接近开关 3 相对应，主轴电动机内装 Mi 磁电传感器（不带一转信号），利用接近开关发出的一转信号和主轴电动机内装 Mi 磁电传感器发出的主轴速度信号、位置信号实现主轴准停、刚性攻螺纹控制等。这种方式适用于主轴电动机与主轴之间有机械传动（传动带或齿轮）的场合，如图 7-13 所示，相关系统参数设定见表 7-6。

图 7-13 主轴外接接近开关
a）结构 b）配置
1—主轴 2—感应块 3—接近开关

表 7-6 FANUC 0i 系统主轴外接接近开关参数设定

系 统 参 数	设 定 值	说 明
4000#0	0/1	主轴与主轴电动机旋转方向相同/相反
4002#0	1	使用主轴电动机内装传感器为主轴位置反馈
4004#2	1	外接一转信号有效
4004#3	0/1	接近开关为 NPN/PNP 型
4010#0	0	主轴电动机内装不带一转信号的传感器（Mi）
4015#0	1	主轴定向功能有效
4056～4059	实际设定	电动机与主轴各挡的齿轮比

任务 4　与主轴控制相关的 PMC 信号

一、串行主轴正转、反转 PMC 信号

主轴正、反转是主轴的基本控制方式之一，串行主轴的正转、反转 PMC 信号是 G70.4 和 G70.5，与其相关的 PMC 信号如图 7-14 所示，PMC 梯形图如图 7-15 所示。

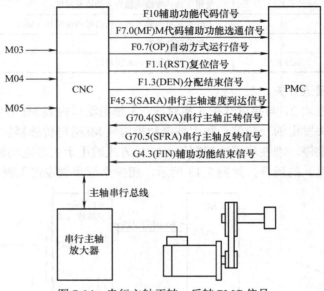

图 7-14　串行主轴正转、反转 PMC 信号

梯形图说明如下：

① 行：系统执行 M03、M04 或 M05 指令时，CNC 一方面向 PMC 发出 M 代码选通信号，F7.0 为 1；另一方面将辅助功能代码 F10（M 代码在 F10 中用二进制表示）信号发送至 PMC。PMC 执行译码指令（DECB），把 M 代码信息译成 R 继电器触点信号。本例中，M03 用 R0.3 表示，M04 用 R0.4 表示，M05 用 R0.5 表示。

②、③ 行是有关主轴正转、反转控制的梯形图。该梯形图是典型的"起、保、停"形式。其中，系统处于自动运行方式时，CNC 发出信号置 F0.7 为 1，表示当前控制为自动方式；R0.3、R0.4 触点分别用于主轴正转或反转起动，由 G70.5 或 G70.4 线圈输出给 CNC，其触点对 R0.3 或 R0.4 进行自锁。CNC 接收到 PMC 发出的 G70.5 或 G70.4 信号后，经系统控制软件处理后由主轴串行总线将主轴电动机的转向信号传输至主轴放大器，再由主轴放大器带动主轴电动机反转或正转起动（因为主轴电动机与主轴之间有一级传动，所以主轴电动机反转即为主轴正转，反之亦然）。主轴正转或反转停止由下列信号之一控制：一是正转、反转互锁信号（R0.3 与 R0.4 互锁）；二是复位信号（系统复位按键，以及 M02、M30 代码，F1.1 置 0）；三是主轴停止信号 R2.5。

④ 行是主轴停止梯形图，加入了系统分配结束信号 F1.3。在执行 M05 指令时，如果移动指令（G01、G02 或 G03）与 M05 在同一程序段中，由 F1.3 保证在执行完移动指令后再执行 M05 指令，进给结束后主轴才停止，避免在进给过程中因主轴突然停止而产生"抗刀"现象。

⑤ 行：执行 M03 或 M04 指令后，主轴电动机正转起动加速或反转起动加速，主轴电动机中的磁电传感器检测出电动机的实际速度，经主轴串行总线反馈给 CNC。当实际速度到达指令速度时，CNC 向 PMC 发出主轴速度到达信号，F45.3 置 1，同时，R100.0 置 1，表示 M03 或 M04 指令执行完成。

⑥ 行：R100.0 置 1，PMC 向 CNC 发出辅助功能结束信号，G4.3 置 1，CNC 接收到 G4.3 信号后，经过系统设定的辅助功能结束延时时间（标准设定为 16ms）后，M 代码选通信号 F7.0 复位，则 G4.3 也复位。同时，在①行中，F7.0 复位后，切断 M 代码指令输出信号，系统准备读取下一条 M 代码指令。

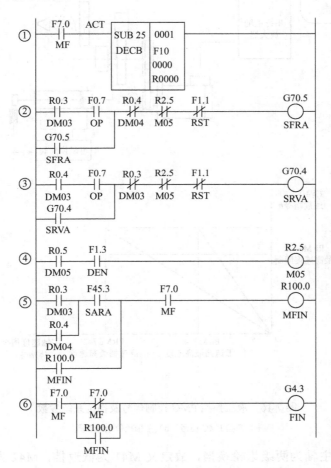

图 7-15　串行主轴正转、反转 PMC 梯形图

二、数控车床主轴齿轮换挡 PMC 信号

为扩大主轴调速范围，有些数控机床主轴采用 2～3 级齿轮换挡传动。齿轮换挡常采用液压缸带动拨叉运动或电磁离合器来实现自动换挡控制，图 7-16 所示为液压换挡 PMC 控制信号及挡位系统参数。

在自动方式中，当数控系统读到换挡指令（M41 为低速挡、M42 为中速挡、M43 为高速挡）时，经转换输出辅助功能代码 F10 信号给 PMC。

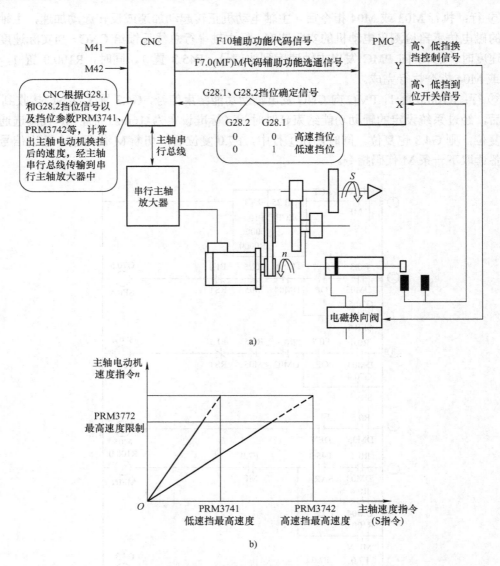

图 7-16　液压换挡 PMC 控制信号及挡位系统参数

a）换挡 PMC 信号　b）主轴挡位系统参数

　　本例中，因为主轴为两级齿轮换挡，故定义 M41 为低速挡，M42 为高速挡。PMC 接收到 M41 或 M42 对应的 F10 信号后，经译码和梯形图控制，输出 Y 地址的高挡或低挡控制信号使换向电磁阀动作，液压缸活塞带动拨叉使换挡齿轮移动，同时，主轴电动机正转和反转交替摆动；当高速挡啮合或低速挡啮合结束时，高速挡开关或低速挡开关接通，相应的 X 地址置 1。PMC 根据挡位开关信号（X 地址）的状态，经逻辑控制，输出挡位接口信号 G28.1 和 G28.2 至 CNC；CNC 根据 G28.1 和 G28.2 挡位接口信号，调取高挡或低挡的系统挡位参数，计算出主轴电动机速度，并输出主轴电动机速度指令信号（串行主轴时为主轴串行总线，模拟主轴时为 0～+10V 速度给定电压）。图 7-17 所示为换挡 PMC 控制流程图。

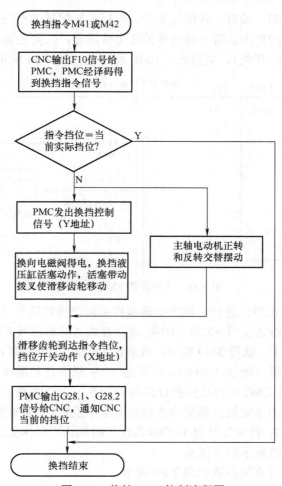

图 7-17　换挡 PMC 控制流程图

三、主轴准停 PMC 信号

主轴准停又称主轴定向，是串行主轴控制方式之一，相应指令为 M19。与一般的主轴停止（M05）不同，主轴准停时，主轴必须停在规定的位置，同时主轴电动机有保持转矩，以保持主轴在准停位置静止并抵御主轴外部负载的扰动。主轴准停用于以下场合：加工中心换刀时主轴定向，以便刀柄键槽插入主轴端面键，如图 7-18a 所示；精镗退刀时主轴定向，如图 7-18b 所示。

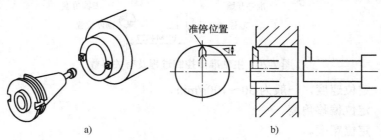

图 7-18　主轴准停应用

a）加工中心换刀　b）精镗退刀

要实现主轴定向控制，须有一转信号支持。根据主轴配置的不同形式，获得一转信号有三种方式：一是主轴电动机内装带一转信号的磁电传感器；二是主轴编码器一转信号；三是主轴外部一转信号（接近开关）。主轴准停 PMC 梯形图如图 7-19 所示。

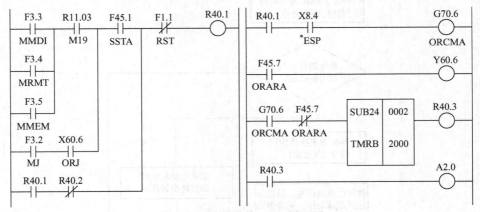

图 7-19　主轴准停 PMC 梯形图

准停必须在主轴停止后再进行，标志位是串行主轴速度零信号（F45.1）。主轴准停可以在手动数据输入方式（标志信号 F3.3）、DNC 运行方式（标志信号 F3.4）或存储器（自动）方式（标志信号 F3.5）下，执行 M19 指令；或者在手动方式（标志信号 F3.2）下，按机床操作面板上的主轴准停按键（地址 X60.6）。不管是 M19 指令还是准停按键，生成准停标志信号 R40.1，并由 PMC 向 CNC 输出准停执行信号 G70.6，CNC 收到 G70.6 信号后，经系统控制软件和主轴串行总线由主轴放大器带动主轴实现准停控制；主轴准停完成后，CNC 向 FMC发出准停结束信号 F45.7，若在定时器 TMRB 规定的时间内准停未完成，则触发报警标志位，A2.0 置 1，由系统显示器显示报警信息。

主轴准停控制过程及有关参数如图 7-20 所示。

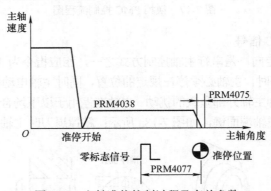

图 7-20　主轴准停控制过程及有关参数

PRM4038：定位速度，一般为 50～100r/min。

PRM4077：定位偏移角度。

PRM4075：定位宽度。

当 CNC 接受到准停信号 G70.6 后，主轴以 PRM4038 设定的定位速度旋转，当检测到主轴零标志信号后，主轴再旋转 PRM4077 设定的偏移角度后停止，该停止位置即为主轴准停位置。定位宽度由参数 PRM4075 设定。调整 PRM4077 的设定值，可调整主轴准停的位置。

任务 5 常见故障诊断

一、模拟主轴转速不稳的故障

模拟主轴是通过给定电压来实现变频调速的，转速不稳的原因如下：

1）CNC 连接变频器的速度给定电压的电缆受到干扰。

2）系统主板不良。

3）变频器故障。

例 7-1 某数控车床主轴采用变频器调速，当 S 指令给定后，主轴运行过程中出现转速不稳的现象，且转速越低，不稳的现象越明显。

故障分析及诊断：

现场检查发现，连接变频器和 CNC 的电压给定电缆是一根普通的电缆，怀疑电缆受到外界干扰，干扰信号叠加到给定电压上后造成实际给定电压不稳定，从而使变频器输出频率发生变化，造成转速不稳定。为证实这一判断，用万用表测量变频器电压给定端，如图 7-21 所示。

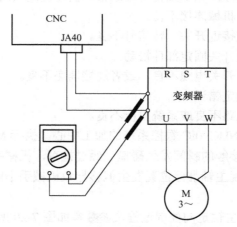

图 7-21 变频器电压给定端测量

观察发现万用表数值有跳动，确认电缆受到干扰。同时也说明，S 指令越小，则 CNC 输出的给定电压越低，干扰信号的影响也越强，转速不稳定的现象也就越明显。

故障排除：

将电缆换成双绞屏蔽电缆，并正确接地，故障排除。

二、螺纹加工出现的故障

1. 出现"乱牙"的故障

螺纹加工通常需要经过多次切削才能完成，每次重复切削时，开始进刀的位置必须相同。为了保证重复切削不乱牙，数控系统在接收到主轴编码器的一转信号才能开始螺纹切削的计算。如果一转信号不稳定，就会出现"乱牙"的故障。故障产生的原因如下：

1）主轴编码器的连接不良。

2）主轴编码器的一转信号或电缆不良。

3）主轴编码器故障。

4）主轴放大器或系统控制不良。

2. 螺距不稳的故障

数控车床螺纹加工时，主轴旋转与 Z 轴进给之间进行插补控制，即主轴旋转一周，Z 轴进给一个螺距（导程）。螺距不稳故障产生的原因如下：

1）如果螺距误差是随机的，可能的原因是主轴编码器的不良、主轴编码器固定部件松动、主轴编码器与主轴间连接的同步带过松。

2）如果螺距误差是固定的，可能的原因是主轴编码器与主轴连接传动比参数设定错误。

三、主轴准停不准的故障

加工中心换刀时，为了使机械手对准主轴中的刀柄，主轴必须停止在固定的位置。换刀过程中出现撞刀故障说明主轴准停不准。

（1）准停角度固定偏差　故障可能的原因是准停角度偏差参数 PRM4077 设定不当或被修改。

（2）准停角度随机偏差　故障可能的原因如下：

1）主轴机械传动有间隙，如主轴传动带过松、齿轮键连接间隙过大等。

2）主轴编码器与主轴机械连接不良。

3）主轴编码器不良或接近开关一转信号不良。

4）主轴编码器或接近开关固定部件松动。

5）主轴编码器或接近开关电缆不良，或者连接插座不良。

6）有关准停的参数设定错误。

7）主轴放大器控制电路不良或系统主板不良。

例 7-2　一台配置 FANUC 0iC 数控系统的加工中心，执行 M19 指令，换刀过程中，当换刀机械手与主轴中刀柄接触的瞬间发生碰撞。经过检查，机械手动作灵活、准确，主轴转动也正常，进一步观察发现主轴准停位置发生偏移导致机械手不能准确抓刀。

故障分析及诊断：

FANUC 0iC 数控系统主轴定向控制过程及参数参如图 7-20 所示。多次执行 M19 指令，观察发现，每次换刀时主轴准停位置发生偏移的程度不一样，属随机偏差。该加工中心主轴由主轴电动机通过传动带驱动，接近开关定向检测。

1）检查传动带松紧程度，正常。

2）检查接近开关电缆和连接插座，正常。

3）检查接近开关固定支架，发现接近开关有松动。

故障排除：

1）调整好接近开关与感应块间的间隙，并重新固定。

2）执行 M19 指令，调整 PRM4077 设定值，直到主轴准停位置正确为止，故障排除。

四、主轴电动机磁电传感器故障

例 7-3　某配置 FANUC 0iC 数控系统及 βi SVPM 驱动的数控车床，在执行 G01、G02 及 G03 指令时进给不动，执行 G00 可以正常运行。故障产生时无任何报警。

故障分析及诊断：

数控机床在执行切削进给加工过程中，必须对主轴转速进行监控。若主轴转速未到达指令值就开始进给切削，或者在切削进给过程中主轴转速下降，都会造成工件严重损坏。FANUC数控系统有"主轴速度到达"监控功能，当主轴速度未达到指令速度时，会限制 G01、G02及 G03 进给，但 G00 运行不受限制。

1）进入系统诊断画面，观察到诊断号 006 显示为 1，表示系统正在等待主轴速度到达信号。

2）对 FANUC 0iC 系统，主轴速度到达监控功能生效与否由参数 PRM3708#0 决定，PRM3708#0 置 1，表示检测主轴速度到达信号，PRM3708#0 置 0，表示不检测主轴速度到达信号。现将 PRM3708#0 由 1 改为 0，系统能执行 G01，由此，判断主轴速度检测有问题。

3）本机床主轴电动机内装有 Mi 磁电传感器，主轴上安装有主轴编码器。Mi 磁电传感器检测主轴电动机的转速并反馈，用于主轴速度到达的监控；主轴编码器只用于主轴转速的检测，在主轴监控画面中可观察到这两个速度的变化。

4）打开主轴电动机后盖，检查磁电传感器，如图 7-22 所示。

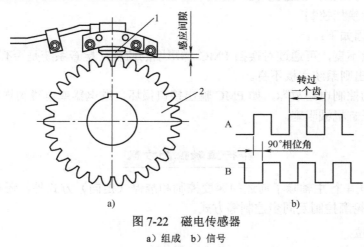

图 7-22　磁电传感器
a）组成　b）信号
1—磁电开关　2—齿盘

磁电开关自身带有磁铁以产生磁场，齿盘每转过一个齿，磁场强度变化一次，磁电开关将磁场强度的变化转换成电信号并输出一个脉冲，由此，对磁电传感器输出脉冲频率的测量即为主轴电动机的转速；通过对 A、B 两路脉冲相位超前或滞后 90°的判别，确定电动机的转向。磁电传感器长时间使用后，电气特性会有所下降，通过调整磁电开关与齿盘间的间隙（标准为 0.5mm），可提高磁电传感器的灵敏度。

故障排除：

适当减小磁电开关与齿盘间的间隙，使磁电传感器能可靠地对主轴电动机进行测速并反馈后，数控系统接收到主轴速度到达信号，正常执行 G01、G02 及 G03 指令，故障排除。

五、数控车床主轴换挡故障

1. 换挡后主轴实际速度与指令速度不符

该故障表现为换挡指令 M41、M42 与主轴挡位实际速度不符，如挂低速挡时，指令速度 S 却是高挡速度。故障原因如下：

1）有关换挡的参数设定错误，如各挡齿轮传动比参数与实际不符或系统参数设定错误、变频器最高频率设定不正确。

2）机床主轴实际挡位错误，如机械换挡故障或挡位开关信号出错。

3）主轴速度检测及反馈出错，如电动机内装磁电传感器故障或主轴编码器故障。

4）主轴放大器故障，如模拟主轴的变频器故障、主轴模块故障。

5）系统主板不良。

2．主轴换挡不能完成

主轴换挡不能完成表现为主轴一直在摆动，直至系统发出换挡超时报警。可能故障原因如下：

1）换挡机械机构故障，如滑移齿轮损坏或滑移齿轮导向轴上有胶状油渍。

2）换挡液压缸活塞卡阻。

3）挡位开关故障或 I/O 模块信号接口故障。

4）主轴放大器或系统主板不良。

3．不能执行换挡控制

可能故障原因如下：

1）系统主板不良，可通过对换挡 PMC 梯形图的监视，检查系统是否有换挡 M 指令译码输出，如未输出则系统主板不良。

2）换挡驱动控制电路故障，如 PMC 输出接口损坏、继电器或电磁阀损坏。

3）换挡液压缸机械阻塞。

串行主轴控制方式

FANUC 系统串行主轴除了前述的速度控制和准停（定向）方式外，还有主轴定位、刚性攻螺纹、C_s 轴轮廓控制及同步控制等方式。

一、主轴定位

在全功能数控车床中，主轴可实现定角度的定位，如 45°、90° 和 135°。主轴定位功能配合动力刀架可实现零件的钻削和铣削等加工，如图 7-23 所示，主轴定位配合自驱刀头实现周向孔的钻削加工。

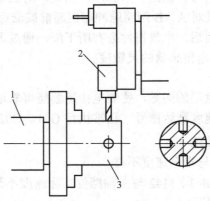

图 7-23　数控车床主轴定位配合自驱刀头实现钻削加工

1—主轴　2—自驱刀头　3—工件

FANUC 0i 数控系统中，主轴定位由 PMC 梯形图控制，通过 M 代码指令指定要定位的角度。

二、刚性攻螺纹

在攻螺纹加工中，主轴速度与 Z 轴进给速度（F 指令）必须满足

$$F=丝锥螺距×主轴速度$$

以普通方式进行攻螺纹循环加工时，由于主轴和 Z 轴进给加减速特性不一致，攻螺纹时丝锥上必须配用弹簧夹头，用它来补偿 Z 轴进给与主轴不同步产生的螺距误差。以这种方式攻螺纹时，当丝锥旋转到底且 Z 轴停止时，主轴并没有立即停住，攻螺纹弹簧夹头被压缩一段距离；当丝锥沿 Z 轴反向旋转退出时，主轴加速，弹簧夹头又被拉伸。普通方式攻螺纹循环只能满足一般精度螺纹孔的加工；另外，若攻螺纹时主轴速度很高时，则弹簧夹头的伸缩范围也必须足够大，所以用这种方式攻螺纹时主轴速度只能限制在 600r/min 以下。

刚性攻螺纹又称同步进给攻螺纹。刚性攻螺纹不需要弹簧夹头，主轴上以 1:1 传动比安装有位置编码器，编码器将主轴旋转的角度位置反馈给数控系统，形成位置闭环控制，主轴同时与 Z 轴进给建立起同步关系，这样就严格保证了主轴旋转角度和 Z 轴进给尺寸的线性比例关系，如图 7-24 所示。

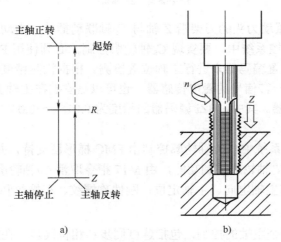

图 7-24　刚性攻螺纹

a）攻螺纹固定循环　b）主轴转速与进给同步

在刚性攻螺纹加工螺纹孔时，因为主轴转速与 Z 轴进给是同步的，所以当 Z 轴攻螺纹到达指令位置时，主轴转动与 Z 轴进给同时减速并同时停止，主轴反转与 Z 轴反向进给同样也保持一致。另外，刚性攻螺纹在丝锥强度允许的情况下主轴转速可以很高，可达 4000r/min，加工效率得到显著提高，且螺纹精度得到保证。

在 FANUC 0i 数控系统中，刚性攻螺纹由 PMC 梯形图支持，并设定相关的系统参数，由 M29 指令指定刚性攻螺纹功能，并由 G84/G74 指令实现攻螺纹固定循环。在主轴配置中，刚性攻螺纹功能可以采用带 MZi 传感器的主轴电动机，或者通过主轴编码器来实现。

三、C_s 轴轮廓控制

C_s 轴轮廓控制是全功能数控车床主轴控制功能之一。在 C_s 轴轮廓控制方式中，主轴作为

一根伺服轴（因绕 Z 轴回转，故定义为 C_s 轴）进行位置控制。一方面，主轴可以任意角度定位；另一方面，主轴可与 Z 轴或 X 轴一起联动插补，加工出轮廓曲线。图 7-25 所示为 C_s 轴用于圆柱凸轮加工。

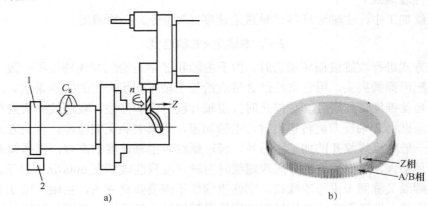

图 7-25　C_s 轴用于圆柱凸轮加工

a）BZi/CZi 传感器用于主轴位置检测　b）检测环

1—检测环　2—感辨头

在图 7-25 中，配置动力头的刀架沿 Z 轴与 C_s 轴联动插补，由动力头上的铣刀加工出圆柱凸轮。在 FANUC 数控系统中，要实现 C_s 轴轮廓控制，必须使用 FANUC 串行主轴，同时用一个带一转信号的位置编码器来进行主轴位置检测。根据检测精度的不同，编码器可以是主轴电动机上 MZi 带一转信号的磁电传感器，也可以是安装在主轴上的 α 编码器，或者是 BZi/CZi 高分辨率编码器。其中，BZi 编码器的精度为 $0.015° \sim 0.03°$ ，CZi 编码器的精度为 $0.005°$ 。

在 FANUC 0i 数控系统中，C_s 轴轮廓控制由 PMC 梯形图支持，并设定相关的系统参数，通常由 M18 指令启动 C_s 轴轮廓控制功能，由 M17 指令取消 C_s 轴轮廓控制功能。

C_s 轴轮廓控制兼容主轴定向、主轴定位、刚性攻螺纹、车螺纹和主轴同步控制。

四、主轴同步控制

主轴同步适用于两个主轴的控制，包括速度同步和相位同步。在速度同步过程中，由于两个主轴同时驱动刀具旋转，若两主轴速度差达到一定程度，就会产生扭搓现象而损坏刀具，因此两主轴之间的速度差要求接近于零，即速度同步。在某些场合，要求两主轴在同步旋转前处于某一相位角度，即相位同步。例如：利用相位同步功能，可在双主轴数控车床上用两个主轴夹持加工一个形状不规则的工件。在 FANUC 0i 数控系统中，主轴同步控制由 PMC 梯形图支持，并设定相关的系统参数。

拓展阅读2　　模拟主轴变频器 PMC 控制

串行主轴中，主轴电动机是通过主轴串行总线来控制的，包括主轴速度和主轴正转、反转及停止等。当主轴驱动采用变频器控制时，主轴电动机的正转、反转及停止是通过 PMC 来控制的，如图 7-26 所示。

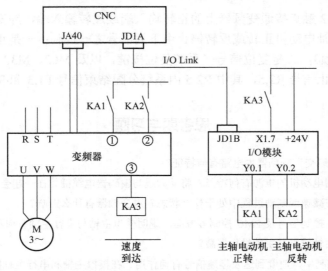

图 7-26 模拟主轴变频器 PMC 控制正转、反转控制

图 7-26 中，在自动控制方式下，当数控系统接收到 M03、M04 或 M05 及 S 指令时，一方面输出与 S 指令相对应的模拟电压到变频器，实现主轴电动机的变频调速；另一方面，输出与 M03、M04 和 M05 相对应的辅助功能代码 F10 信号发送至 PMC，经 PMC 译码和梯形图控制，输出 Y0.1 或 Y0.2 信号，经继电器 KA1 或 KA2 触点使变频器正转输入端①或反转输入端②接通或断开，电动机正转、反转或停止。变频器输出端③由变频器参数设定为"速度到达"信号输出，当电动机正转或反转起动加速到达变频器给定频率时，输出端③输出使继电器 KA3 线圈得电，其触点接通 PMC 上的 X1.7。有关模拟主轴变频器正转、反转 PMC 梯形图如图 7-27 所示。

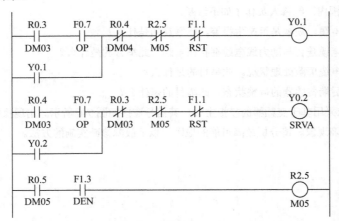

图 7-27 模拟主轴变频器正转、反转 PMC 梯形图

模拟主轴变频器正转、反转 PMC 梯形图与串行主轴正、反转 PMC 梯形图（图 7-15b）比较，最大的区别在于 PMC 正转、反转的输出信号。图 7-27 中，R0.3、R0.4 和 R0.5 分别表示 M03、M04 和 M05 的译码信号，R0.3、R0.4 触点分别用于主轴电动机正转或反转起动，由 Y0.1 或 Y0.2 接通继电器 KA1 或 KA2 线圈，Y0.1 或 Y0.2 触点对 R0.3 或 R0.4 进行自锁。

继电器 KA1 或 KA2 触点接通变频器上的正转输入端或反转输入端，经变频器驱动主轴电动机正转或反转。主轴电动机正转或反转停止由下列信号之一控制：一是正转、反转互锁信号（R0.3 与 R0.4 互锁）；二是复位信号（系统复位按键，以及 M02、M30 代码，F1.1 置 0）；三是主轴电动机停止信号 R2.5，其中 R2.5 由系统分配结束信号 F1.3 和 R0.5 共同作用获得。

思考题与习题

1. 电压型"交-直-交"变频器主电路有何特征？

2. 变频器输出到电动机的电源有何特点？将动力线与编码器电缆捆扎在一起会有什么负面影响？

3. 交流电动机在减速或制动过程中处于什么状态？对变频器有什么影响？

4. 从系统配置、控制信号及 PMC 控制等方面，说明模拟主轴与串行主轴有何不同。

5. 怎样对模拟主轴或串行主轴进行屏蔽？

6. 主轴 PMC 控制中，速度到达及零速信号有何作用？在模拟主轴和串行主轴控制中，这两个信号从何而来？

7. 主轴电动机过热有哪些因素？

8. 主轴速度不稳有哪些原因？

9. 加工中心主轴定向过程中出现超时报警，产生的可能原因是什么？如何进行检修？

10. 加工中心主轴主轴定向产生偏差，如何进行诊断和调整？

11. 某数控机床主轴采用两挡自动换挡液压控制，换挡过程中出现超时报警，产生的原因是什么？如何进行诊断？

12. 某数控机床主轴采用串行主轴放大器，运行过程中系统产生 7183 号报警。诊断手册对 7183 号报警说明是：主轴电动机传感器信号异常；报警原因是：在对传感器（Mi/MZi）A 相和 B 相脉冲进行计数时，计数脉冲不在规定范围内。维修人员作了如下诊断：

1）触动传感器电缆，观察是否产生报警。此举目的是什么？

2）检查传感器电缆是否与动力线电缆捆扎在一起。此举目的是什么？

3）检查传感器电缆屏蔽处理状况。此举目的是什么？

4）检查电动机后端传感器的调整状态。此举目的是什么？

13. 某数控车床采用基于变频器的模拟主轴，其信号连接如图 7-6 所示。出现执行"M03 S500"指令后，主轴仍停止的故障现象。请分析故障可能的原因，以及故障诊断实施的方法。

模块八　伺服驱动故障诊断

项目一　伺服电动机及放大器

任务 1　FANUC 伺服电动机

一、概述

1. 组成

伺服电动机是进给伺服系统的电气执行部件，它通过带动滚珠丝杠来实现进给运动，现代数控机床上用的伺服电动机普遍为交流伺服电动机。交流伺服电动机本质上是三相交流永磁同步电动机，图 8-1 所示为 FANUC 交流伺服电动机的组成及符号。交流伺服电动机定子铁心上有三相对称绕组，由伺服放大器提供三相交流电源，转子为铁心和永久磁铁的组合体。当定子三相绕组通入一定频率的三相交流电源后，定子绕组产生的旋转磁场牵引转子上的永久磁铁，使转子转速与旋转磁场转速相等，改变通电频率即改变旋转磁场转速，从而改变转子转速，实现变频调速；改变定子绕组三相电源的相序即改变转子的旋转方向。控制伺服电动机的转速和转向，从而通过滚珠丝杠实现运动部件的进给速度和方向控制。

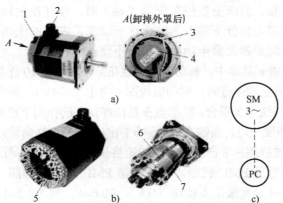

图 8-1　FANUC 交流伺服电动机的组成及符号

a）外观　b）定子和转子　c）符号

1—编码器接线座（含热敏电阻接线）　2—动力线接线座　3—热敏电阻电缆　4—编码器
5—定子三相绕组　6—永久磁铁　7—转子铁心

交流伺服电动机通常采用自然冷却，定子绕组产生的热量由定子铁心直接散发到空中。

交流伺服电动机后端安装有与转子同轴连接的编码器，用于转子速度和角位移测量，编码器有增量式编码器和绝对式编码器两种。另外，定子绕组中安装有热敏电阻或温控开关，其引出线由编码器连接口引出，用于伺服电动机的温度检测。

带动垂直滚珠丝杠的伺服电动机内装有电磁制动器（电磁抱闸），其结构和控制如图 8-2 所示。

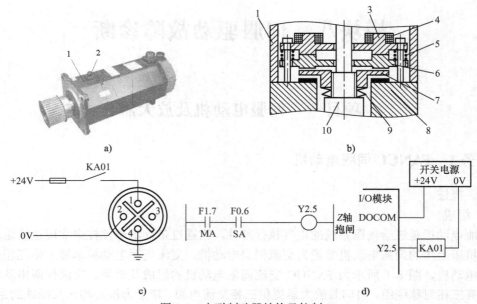

图 8-2　电磁制动器结构及控制

a）带电磁制动器的伺服电动机　b）制动器结构　c）制动器接线　d）制动器 PMC 梯形图及输出电路

1—制动器机座　2—制动器接线座　3—铁心　4—制动器线圈　5—制动弹簧　6—衔铁

7—制动盘　8—摩擦片　9—复位弹簧　10—转子轴

因为滚珠丝杠无自锁功能，当滚珠丝杠垂直安装（如立式铣床或加工中心的 Z 轴、卧式镗铣床或加工中心的 Y 轴、斜床身数控车床的 X 轴）时，丝杠在主轴箱或刀架重力的作用下产生自旋，主轴箱或刀架会自行下落。为防止这一现象，在伺服电动机上安装电磁制动器，在伺服电动机断电时由制动器夹紧电动机转子，不使丝杠转动。

如图 8-2b 所示，电磁制动器中，制动盘 7 通过花键与转子轴 10 连接，随转子一起转动，并可轴向移动。伺服电动机正常运行时，制动器线圈 4 得电（+24V），衔铁 6 在电磁力的作用下克服制动弹簧 5 的作用力与铁心 3 吸合，制动盘在复位弹簧 9 的作用下松开，伺服电动机处于松开状态；制动时，制动器线圈失电，衔铁在制动弹簧的作用下快速轴向移动并推动制动盘，使制动盘紧紧压在机壳上，通过摩擦片 8 产生的摩擦转矩将转子轴锁紧，从而达到制动目的。

制动器线圈得电与否受 PMC 控制。在制动器 PMC 控制梯形图（图 8-2d）中，当 CNC 准备就绪（MA），F1.7=1、伺服准备就绪（SA），F0.6=1，则 Y2.5=1，继电器 KA01 线圈得电且触点闭合，制动器线圈得电松开，此时，伺服电动机已建立起足够的电磁转矩来平衡重力，不使重力轴下滑；当产生断电、急停及伺服报警等故障时，F1.7 或 F0.6 为 0，则 Y2.5=0，制动器失电抱紧制动。

制动器线圈绝缘不良、电源线接触不良及电源短路等因素会引起重力轴过载、过电流及位置超差等方面的故障。

2. 伺服电动机 ID 号

因为交流伺服电动机采用矢量变频控制，所以伺服放大器必须根据伺服电动机的代码（ID 号）调用该电动机的相关参数，供矢量控制时使用。与 FANUC 0i 系统配套的交流伺服电动机有 αi 系列和 βi 系列，按照伺服电动机型号确定该电动机的 ID 号。表 8-1 为部分 αi 和 βi 系列伺服电动机型号和 ID 号。

表 8-1 αi 和 βi 系列伺服电动机型号和 ID 号

伺服电动机型号	ID 号		伺服电动机型号	ID 号	
	HRV1	HRV2		HRV1	HRV2
αiS 2/5000	162	262	βiS 0.2/5000		260
αiS 2/6000		284	βiS 0.3/5000		261
αiS 4/5000	165	265	βiS 0.4/5000		280
αiS 8/4000	185	285	βiS 0.5/5000	181	281
αiS 8/6000		290	βiS 1/5000	182	282
αiS 12/4000	188	288	βiS 2/4000	153	253
αiS 22/4000	215	315	βiS 4/4000	156	256
αiS 30/4000	218	318	βiS 8/3000	158	258
αiS 40/4000	222	322	βiS 12/3000	172	272
αiS 50/3000	224	324	βiS 22/2000	174	274

表中，HRV1、HRV2 为高响应矢量控制的类型，适用于不同要求的高速、高精度加工。

二、交流伺服电动机测量

1. 电流监视及测量

伺服电动机过载、绝缘等级降低或者绕组短路等因素会造成伺服电动机电流的增大，通过对电流的监视及测量可判断伺服电动机的运行状态。

（1）伺服调整画面电流监视 进入伺服调整画面，观察监视栏目中的电流显示，如图 8-3 所示。

画面中，CURRENT（%）显示的是伺服电动机实际电流与额定电流的百分比，CURRENT（A）显示的是伺服电动机的实际电流。

（2）在线电流测量 钳形电流表是电动机故障诊断常用的测量仪表之一，使用时无需断开电动机电源即可直接测量运行中的电动机电流，图 8-4 所示为钳形电流表测量伺服放大器输出电流示意图。

```
                    O0121 N00000

        （MONITOR）
ALMER 1              00000000
ALMER 2              01101011
ALMER 3              00000000
ALMER 4              00000000
ALMER 5              00000000
LOOP  GAIN                  0
POS  ERROR                  0
CURRENT（%）                 0
CURRENT（A）                 0
SPEED（RPM）                 0
```

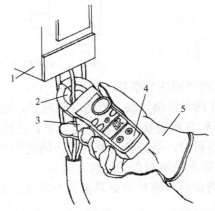

图 8-3 伺服调整画面中的电流监视　　图 8-4 钳形电流表测量伺服放大器输出电流

1—伺服放大器 2—钳口 3—扳手 4—钳形电流表 5—绝缘手套

测量时,钳形电流表应先选大量程再选小量程,尽量使被测电流值接近量程。要注意的是,转换量程应在退出电缆后进行。测量时,紧握钳形电流表把手和扳手,按动扳手打开钳口,将被测电缆放入钳口中,并尽量使被测电缆置于钳口内中心位置,以提高测量精度;松开扳手使两钳口表面紧紧贴合。在伺服放大器侧,分别对 U、V、W 相电流进行测量,将测量结果填入表 8-2 中。

表 8-2　交流伺服电动机电流测量

项　目　＼　电　流	U 相电流/A	V 相电流/A	W 相电流/A
额定电流			
空载电流			
进给切削状态			

通过伺服电动机电流测量,获得以下信息:

1)伺服电动机是否缺相,以及三相电流是否平衡,以此判断伺服放大器是否正常。

2)检测伺服电动机的实际电流,计算与额定电流的比值(%),以此判断伺服电动机是否过载。

2．绝缘测量

伺服电动机运行过程中,若长期过载或受外部切削液侵入会造成绕组绝缘老化,绝缘电阻降低。另外,伺服放大器与伺服电动机之间的动力线电缆因频繁弯曲或受油污侵入也会引起绝缘老化。因此,当系统产生驱动过电流报警时,若判断伺服电动机或电缆绝缘有问题,往往要对其进行绝缘测量。

(1)每相绕组与机壳之间的绝缘电阻测量　绝缘测量用仪表为 500V 兆欧表,它有三个接线柱:接地极(E 极)、线路极(L 极)和保护极(G 极)。兆欧表 E 极接电动机外壳,L极分别接 U、V、W 绕组一端,如图 8-5 所示。

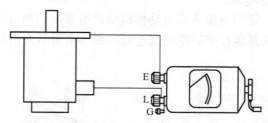

图 8-5　交流电动机定子绕组绝缘电阻测量

兆欧表使用注意事项如下:

1)开路和短路试验。把兆欧表放平,先不接线,摇动兆欧表手把,表针应指向"∞"处;再将 L 极和 E 极短接,摇动手把,表针应指向"0"处。

2)测量时,手把转动要均匀,转速约为 120r/min,要持续 1min。指针稳定后,指针所指的数值即为被测对象的绝缘电阻值。

3)测量后,应将被测对象充分放电。此期间,不可用手触及被测对象或拆除导线,以防触电。

测量结果填入表 8-3 中,并对绝缘状况作出评价。

表 8-3　每相绕组与机壳之间的绝缘电阻

项　　目　＼　相-机壳	U 相-机壳/MΩ	V 相-机壳/MΩ	W 相-机壳/MΩ
兆欧表读数			
评价			
指标	良好：≥100MΩ；开始老化：10～100 MΩ； 老化严重：1～10MΩ；有故障：<1MΩ		

（2）动力线绝缘电阻测量　兆欧表 E 极接在电缆外表层上，L 极接电缆芯线，G 极接在绝缘包扎层上，如图 8-6 所示，分别对 U、V、W 相电缆进行测量，将测量结果填入表 8-4 中，并对绝缘状况作出评价。

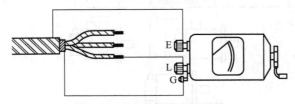

图 8-6　动力线绝缘电阻测量

表 8-4　伺服电动机电源电缆绝缘电阻

项　　目　＼　电　缆	U 相电缆/MΩ	V 相电缆/MΩ	W 相电缆/MΩ
兆欧表读数			
评价			
指标	良好：≥100MΩ；开始老化：10～100 MΩ； 老化严重：1～10MΩ；有故障：<1MΩ		

任务 2　FANUC 伺服放大器及报警

一、αi 系列 SVM 放大器伺服模块

1. 功能及接口

αi 系列放大器包括电源模块、主轴模块和伺服模块。其中，电源模块和主轴模块参见模块七的有关内容。伺服模块接线及接口如图 8-7 所示。

伺服模块由主电路板和控制电路板组成，控制电路板可从主电路板中拔出和插入。伺服模块有单轴伺服模块（L 轴）、双轴伺服模块（L 轴、M 轴）及三轴伺服模块（L 轴、M 轴和 N 轴）三类。其中，单轴模块带一个伺服电动机，双轴和三轴模块可带两个和三个伺服电动机。主电路板包含由智能功率模块（IPM）组成的逆变电路，控制电路板通过与数控系统的串行通信，以及伺服电动机上编码器的反馈信号，经矢量计算及速度和电流控制，最后控制 IPM 的导通或截止，将直流母线电压逆变成三相交流电，作为交流伺服电动机的驱动电源。另外，控制电路板上还有温度、电流和母线电压等检测电路，用于伺服过载、过电流等的监控。

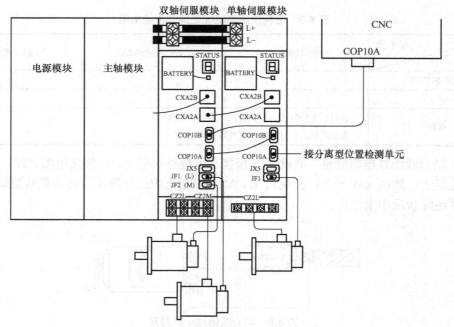

图 8-7　伺服模块接线及接口

接口说明如下。

L+、L−：直流母线电压"+"、"−"端。

CZ2L、CZ2M：伺服电动机动力线连接端子。

BATTERY：伺服电动机绝对编码器的电池盒（DC 6V）。

STATUS：伺服模块状态指示窗口。

CXA2A：DC24V 电源、急停信号及报警信息的输入接口，与前一个模块上的 CX2B 相连。

CXA2B：DC24V 电源、急停信号及报警信息的输出接口，与后一个模块上的 CX2A 相连。

COP10A：伺服串行总线（FSSB）输出接口，与下一个伺服模块上的 COP10B 相连。

COP10B：伺服串行总线（FSSB）输入接口，与 CNC 系统的 COP10A 光缆连接。

JX5：伺服检测板信号接口。

JF1、JF2：第 1 轴、第 2 轴伺服电动机编码器反馈信号接口。

2．报警

伺服模块上有一个 1 位 LED 数码指示窗口，正常情况下显示为 0，故障时会显示故障代码，同时系统上显示对应的报警号。表 8-5 为伺服模块 LED 报警代码及诊断。

表 8-5　伺服模块 LED 报警代码及诊断

LED 代码	CNC 报警	报 警 内 容	主要原因及排除方法
无	430	伺服电动机过热	1．机床侧负载过大 2．伺服电动机轴承磨损 3．排除负载和轴承磨损原因后，关闭电源 10min，若再次发生报警，可能是伺服电动机中的热敏电阻故障
1	444	伺服模块内部冷却风扇停止	1．检查冷却风扇及风扇连接器 2．切实按下控制电路板 3．更换风扇

（续）

LED 代码	CNC 报警	报 警 内 容	主要原因及排除方法
2	434	控制电路（DC24V）电压低	1. 检查三相输入电压（≥0.85 倍的额定电压） 2. 检查电源模块上输出的 24V 电压（≥22.8V） 3. 检查连接器和电缆
5	435	主电路直流母线电压低	1. 检查直流母线铜排螺钉拧紧程度 2. 若多个伺服模块产生电压低报警，检查电源模块 3. 若单个伺服模块产生电压低报警，切实按下该模块的控制电路板 4. 更换报警的伺服模块
b	438	L 轴伺服电动机过电流	1. 切实按下伺服控制电路板 2. 将伺服电动机的动力线从伺服模块上拆下，解除急停，若报警消失，则故障在电动机或电缆侧；若报警仍存在，则故障在伺服模块侧，更换伺服模块 3. 测量电动机绝缘和动力线绝缘，若老化，则更换电动机或动力线
c	438	M 轴伺服电动机过电流	
d	438	N 轴伺服电动机过电流	
8.	449	L 轴 IPM 过电流	1. 切实按下伺服控制电路板 2. 伺服电动机过电流造成流过 IPM 的电流增大，引起发热，检查伺服电动机和动力线的绝缘 3. 若伺服电动机和动力线正常，则更换伺服模块
9.	449	M 轴 IPM 过电流	
A.	449	N 轴 IPM 过电流	
8.	600	L 轴伺服模块直流母线电流异常	1. 切实按下伺服控制电路板 2. 检查散热器风扇是否正常 3. 检查环境温度是否过高 4. 检查动力线或者动力线接头是否短路 5. 更换伺服模块
9.	600	M 轴伺服模块直流母线电流异常	
A.	600	N 轴伺服模块直流母线电流异常	
F	601	伺服模块散热器冷却风扇停止	1. 切实按下伺服控制电路板 2. 检查冷却风扇运行状态 3. 检查冷却风扇接线 4. 更换伺服模块
6	602	伺服模块过热	1. 切实按下伺服控制电路板 2. 检查环境温度是否过高 3. 检查冷却风扇和过滤器 4. 更换伺服模块
8	603	L 轴 IPM 过热	1. 切实按下伺服控制电路板 2. 伺服电动机过电流造成流过 IPM 的电流增大，引起发热，检查伺服电动机和动力线的绝缘 3. 检查环境温度是否过高 4. 检查冷却风扇和过滤器 5. 更换伺服模块
9	603	M 轴 IPM 过热	
A	603	N 轴 IPM 过热	
P	604	FSSB 通信异常	1. 检查接口 CXA2A 和 CXA2B 接口和电缆 2. 更换伺服模块控制电路板 3. 更换伺服模块

二、βi 系列 SPVM 放大器

FANUC βi SPVM 放大器集成有主轴驱动和伺服驱动，其外观和接口参见模块七项目二中图 7-10。

βi SPVM 放大器上有两个 LED 数码指示窗口。其中，STATUS1 是有关电源和主轴的运行状态和报警指示，其 LED 显示及 CNC 报警号参见表 7-3。STATUS2 是有关伺服驱动的运行状态和报警指示。当 STATUS2 显示 0 时，表示伺服驱动已准备好，伺服电动机已激活，可以进行正常运行；若 STATUS2 显示报警代码，表示伺服驱动有故障，其 LED 显示及 CNC

报警号参见表 8-5。

三、βi 系列 SVM 伺服放大器

1. 接口

βi 系列 SVM 伺服放大器将主电路中的整流、滤波和逆变以及控制电路整合在一起，体积小，结构紧凑，一般用于小型数控机床进给轴的伺服驱动，放大器与数控系统之间采用伺服串行总线（FSSB）通信，外接制动电阻能耗制动。根据功率的大小，βi 系列 SVM 伺服放大器有 4i/20i 和 40i/80i 两种类型，图 8-8 所示为 FANUC βi 系列 SVM 伺服放大器外观及面板接口。

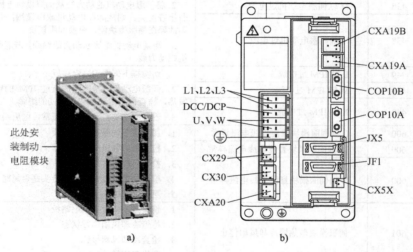

图 8-8　FANUC βi 系列 SVM 伺服放大器外观及面板接口

a）外观　b）面板接口

接口说明如下。

L1、L2、L3：主电源输入端接口，三相交流电源 200V，50/60Hz。

U、V、W：伺服电动机电源接口。

DCC/DCP：外接制动电阻接口。

CX29：主电源接触器（MCC）控制信号接口。

CX30：急停信号接口。

CXA20：外接制动电阻过热信号接口。

CXA19A：DC24V 控制电路电源输入接口，连接外部 24V 电源。

CXA19B：DC24V 控制电路电源输出接口，连接下一个伺服单元的 CXA19A。

COP10A：伺服高速串行总线（FSSB）接口，与下一个伺服单元的 COP10B 连接（光缆）。

COP10B：伺服高速串行总线（FSSB）接口，与 CNC 系统的 COP10A 连接（光缆）。

JX5：伺服检测板信号接口，通过连接器和示波器可观察伺服电动机实际电流的波形。

JF1：伺服电动机编码器反馈信号接口。

CX5X：伺服电动机绝对式编码器的电池接口。

图 8-9 所示为 FANUC βi 系列伺服放大器用于数控车床进给驱动的接线示意图。

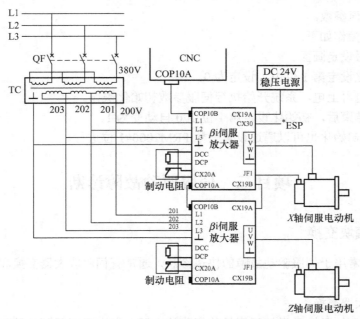

图 8-9 βi 系列伺服放大器接线

放大器在正常情况下，CX29 端内部触点是闭合的，主电源接触器（MCC）线圈得电，触点闭合，主电源线路接通。当 CX30 端有急停信号输入时，控制电路使 CX29 内部继电器触点断开，主电源接触器（MCC）失电，主电源线路断开，放大器断电，伺服电动机停止。

2. 报警

βi 系列伺服放大器上有报警指示灯（LED），当放大器出现故障时，一方面报警指示灯点亮；另一方面在数控系统上显示相应的报警号，报警号及报警内容参见表 8-5。

任务 3 伺服电动机参数初始化

系统伺服控制软件存储有所有伺服电动机的标准驱动数据，伺服参数初始化就是根据伺服电动机 ID 号将系统 FROM 存储的标准参数读取出来，并存储到 SRAM 中的过程。系统每次开机时再把 SRAM 数据（包括机床厂家设定的参数）读到系统工作存储区动态寄存器 DRAM 中，供伺服实时控制使用。伺服设定画面（图 3-15）中，初始设定位定义如图 8-10 所示。

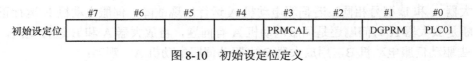

图 8-10 初始设定位定义

\#0 位：设定为 0 时，检测单位为 1μm；设定为 1 时，检测单位为 0.1μm。

\#1 位：设定为 0 时，系统进行数字伺服参数初始化设定，当伺服参数初始化后，该位自动变成 1。

\#3 位：进行伺服初始化设定时，该位自动变成 1，系统自动计算出有关伺服电动机电流、反电动势等补偿值参数。

伺服初始化操作如下：

1）进入伺服设定画面。

2）将初始化设定第1位由1设定为0。

3）系统断电再上电，系统开始执行伺服参数初始化操作。

4）初始化结束后，初始化设定第1位由0自动变为1。

伺服电动机初始化也可以通过设置参数PRM2000#1位进行。

项目二　伺服驱动故障诊断

任务1　模块交换

模块交换法常用于伺服驱动故障的快速诊断，通常有伺服放大器交换和控制电路板交换等方法。

1. 伺服放大器交换

若机床某几个伺服轴采用相同型号的伺服放大器，在出现伺服驱动故障时，为了快速判断是伺服电动机问题还是伺服放大器的问题，可采用伺服放大器交换法，通过观察故障转移的情况，快速判断故障部位，再用备用的放大器进行更换，达到快速排除故障的目的。伺服放大器交换如图8-11所示。

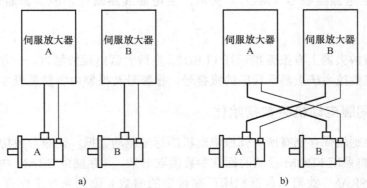

图8-11　伺服放大器交换法

a）交换前　b）交换后

放大器A和B型号相同，若伺服电动机A运行出现故障，伺服电动机B运行正常，为快速判断是放大器A有问题还是伺服电动机A有问题，将放大器A和B进行交换，即用放大器A去驱动伺服电动机B，用放大器B去驱动伺服电动机A。观察：

1）若伺服电动机A恢复正常，伺服电动机B出现停止故障，则确定放大器A故障。

2）若伺服电动机A仍出现运行故障，伺服电动机B保持正常，则确定伺服电动机A故障。

2. 控制电路板交换

同一类型的伺服放大器尽管型号不同，很多情况下其控制电路板的规格是相同的，如αi

系列单轴伺服模块中，SVM1-20i/40i/80i/160i 四种型号伺服模块的控制电路板规格都是 A20B-2100-0740，这一特征为控制电路板交换提供了条件。通过交换两个放大器上相同规格的控制电路板，观察故障转移的情况，可判断故障是控制电路板的问题，还是功率模块的问题，如图 8-12 所示。

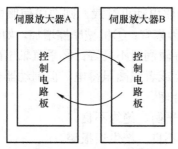

图 8-12　控制电路板交换

例 8-1　某数控车床 X 轴和 Z 轴配置 βi 系列 SVM 伺服放大器，开机后系统出现 X 轴 441 报警号，提示 X 轴电流异常，关机再开机后报警依旧。

故障诊断：

查阅报警手册，411 号报警为电流检测异常。造成电流异常的因素有功率模块 IPM 异常、控制电路板不良。为确认 X 轴伺服放大器是控制电路板故障还是功率模块故障，拟采用控制电路板交换法。打开机床电气控制柜，检查发现 X 轴和 Z 轴伺服放大器的控制电路板规格是相同的，然后按以下程序操作：

1）机床断电。

2）拔下 X 轴和 Z 轴伺服放大器上的连接插头。

3）拔出 X 轴和 Z 轴伺服放大器上的控制电路板，两者进行交换。

4）重新插上连接插头。

5）开机上电。

观察发现，X 轴 411 号报警消失，但 Z 轴出现 441 报警，故障由 X 轴转移到 Z 轴，说明 X 轴伺服放大器的控制电路板有故障。

故障排除：

更换 X 轴伺服放大器控制电路板，故障排除，机床恢复正常。

任务 2　伺服过热报警及诊断

1. 伺服过热类型

系统 400 号报警是伺服过热报警，它包括两方面内容：一是伺服放大器过热；二是伺服电动机过热。

（1）伺服放大器过热　伺服放大器中智能功率模块（IPM）内的热敏电阻用于检测伺服放大器是否过热。当 IPM 温度超过规定值时，引起热敏电阻阻值的变化，通过伺服串行总线反馈到数控系统，数控系统发出 400 号伺服过热报警。

（2）伺服电动机过热　伺服电动机定子绕组中的热敏电阻用于检测伺服电动机是否过

热。当伺服电动机的温度超过规定值时，热敏电阻的阻值发生变化，通过伺服电动机上串行编码器接口经伺服串行总线反馈给数控系统，数控系统发出 400 号伺服过热报警。

2．伺服过热原因

（1）伺服电动机过热

1）伺服电动机过载。若伺服电动机过载，则造成伺服电动机电流增加，引起温度上升（I^2t）。造成伺服电动机过载的因素有：①机械摩擦增加，如丝杠支承轴承磨损、丝杠螺母磨损、导轨镶条松动以及丝杠及导轨润滑不良等；②垂直轴电磁制动器故障，如轴运动时制动器线圈未得电仍处于锁紧状态，或者线圈虽得电，但制动器仍处于抱紧状态，引起轴过载；③切削负载过重或切削参数不合理。

2）伺服电动机三相电流不平衡、绝缘不良。

3）伺服电动机内热敏电阻不良，产生误报警。

4）伺服软件不良，需进行伺服参数初始化。

（2）伺服放大器过热

1）伺服放大器散热条件变差，如散热风扇故障、散热片积灰等。

2）伺服放大器内热敏电阻不良，产生误报警。

3）伺服放大器中温度检测电路不良，可以用同等规格的控制电路板交换进行判别。

4）系统伺服参数设定错误或伺服软件不良，需进行伺服参数初始化。

5）智能功率模块（IPM）不良或系统轴卡故障。

3．伺服过热诊断

系统产生 400 号报警时，为进一步确认是伺服放大器过热还是伺服电动机过热，通常用伺服调整画面中的报警 1 和报警 2 的数据位，或系统诊断画面中的 200 诊断号和 201 诊断号数据位来判断，如图 8-13 所示。

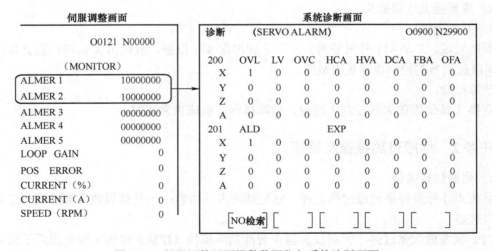

图 8-13　伺服调整画面报警数据位与系统诊断画面

伺服电动机过热或伺服放大器过热可以通过报警 1（诊断号 200）的第 7 位，以及报警 2（诊断号 201）的第 7 位来诊断，如图 8-14 所示。

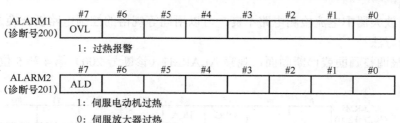

图 8-14　伺服过热报警诊断

例 8-2　一台配置 FANUC 0iC 数控系统及 βi 系列 SVM 伺服放大器的数控车床，工作过程中 Z 轴经常出现 400 号报警。

故障诊断：

调用伺服调整画面，发现 ALMER1 的#7 位和 ALMER2#7 位均为 1，确定是伺服电动机过热造成的报警。

1）检查 Z 轴导轨和丝杠的润滑状况，正常。

2）脱开 Z 轴伺服电动机和丝杠之间的联轴器，用手盘动丝杠，感觉转动灵活，丝杠支承轴承正常。

3）测量 Z 轴伺服电动机绝缘，发现绝缘电阻低于正常值，由此造成 Z 轴伺服电动机过电流而发热。

故障排除：

更换 Z 轴伺服电动机，故障排除。将故障的 Z 轴伺服电动机拆开，发现定子绕组和引出线连接部分由于长时间的冷却水渗漏致使绝缘老化。为此，需在更换后的 Z 轴伺服电动机周围采取防护措施，避免冷却水的渗漏，同时做好日常维护。

任务 3　伺服过电流报警及诊断

1．伺服过电流类型

系统 414 号报警是伺服过电流报警，它包括伺服电动机过电流和伺服放大器过电流。

（1）伺服电动机过电流　伺服放大器实际输出电流超过伺服电动机额定电流的 1.5 倍，且时间超过 1min。

（2）伺服放大器过电流　伺服放大器的实际输出电流超过放大器最大输出电流的 2 倍以上。

2．故障原因

1）系统伺服参数设定错误或伺服软件不良，需进行伺服参数初始化。

2）伺服电动机过载，会造成伺服电动机电流增加。伺服电动机过载原因如下：①机械摩擦增加，如丝杠支承轴承磨损、丝杠螺母磨损、导轨镶条松动以及丝杠及导轨润滑不良等；②垂直轴电磁制动器故障，如轴运动时制动器线圈未得电仍处于锁紧状态，或线圈虽得电，但制动器仍处于抱紧状态，引起轴过载；③切削负载过重或切削参数不合理。

3）伺服电动机三相电流不平衡、定子绕组匝间短路、伺服电动机及动力线电缆绝缘不良等。

4）伺服放大器智能功率模块（IPM）短路。

5）伺服放大器中电流检测电路不良，可以用同等规格的控制电路板交换进行判别。

3．诊断方法

调出伺服调整画面或诊断画面，观察 ALARM1（诊断号 200）第 4 和 5 位的变化，如图 8-15 所示。

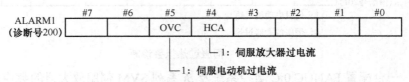

图 8-15　伺服过电流报警诊断

例 8-3　一台配置 FANUC 0iC 数控系统及 αi 系列 SVM 伺服放大器的加工中心，在 JOG 方式下，手动 Y 轴时数控系统即出现 430 报警。

故障诊断：

430 报警为伺服电动机过热报警，为进一步确认故障原因，在伺服调整画面中发现 ALARM1 的 #5 位为 1，手动 Y 轴，同时在伺服调整画面中观察到 Y 轴的实际电流在 90% 以上，由此说明伺服电动机过热的原因是伺服电动机电流过大。

1）打开机床电气控制柜，发现 Y 轴伺服模块 LED 显示 0，说明 Y 轴伺服模块正常。

2）测量 Y 轴伺服电动机定子绕组和动力线电缆绝缘，正常。

3）脱开 Y 轴伺服电动机与滚珠丝杠之间的联轴器，用手盘动丝杠时感觉很重，进一步检查发现 Y 轴丝杠支承轴承损坏，造成机械传动过载，引起伺服电动机电流增大，造成伺服电动机过热报警。

故障排除：

更换 Y 轴丝杠支承轴承后故障排除。

任务 4　伺服未准备好报警及诊断

1．伺服准备好信号

系统开机自检后，系统轴卡通过伺服串行总线（FSSB）向伺服放大器发出 MCON（主电路接触器接通）信号，若伺服放大器正常（如直流母线充电完成、急停释放及动态制动状态正常等），则一方面向系统轴卡发回 DRDY（驱动就绪）信号；另一方面伺服放大器内部继电器动作，主电路接触器（MCC）接通，伺服准备就绪。如果系统轴卡没有接收到 DRDY 信号，则产生 401 号报警，如图 8-16 所示。

2．故障原因

1）首先确认急停按钮是否处于释放状态，如果处于急停状态，伺服放大器就不能正常工作。

2）伺服放大器内部继电器控制电路或继电器本身故障。

3）伺服放大器控制电路板故障。

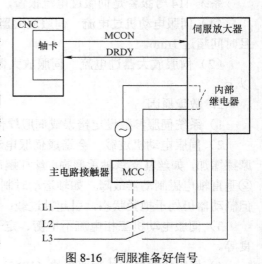

图 8-16　伺服准备好信号

4）系统轴卡故障。

3. 故障诊断

（1）参数屏蔽 从故障原因看，伺服未准备好报警涉及伺服放大器和系统轴卡，通过伺服参数屏蔽伺服放大器或伺服轴可快速定位故障是在伺服放大器上，还是在系统轴卡上。

1）单轴放大器屏蔽。以 FANUC 0iC 系统为例，αi 系列单轴伺服模块或 βi 伺服放大器均为一个伺服放大器带一个伺服电动机，可以屏蔽伺服放大器，如图 8-17a 所示。当该轴产生未准备好报警时，将该轴参数 1023（伺服轴轴号）设为–1，如故障消失，则为放大器故障；如故障还存在，则为系统轴卡故障。

2）双轴伺服模块屏蔽。以 FANUC 0iC 系统为例，αi 系列双轴伺服模块带两个伺服电动机，可以屏蔽伺服轴。如果其中一个轴产生报警，可将该轴参数 2009#0 位设为 1（系统和编码器不通信），参数 2165 设为 0（放大器最大电流为 0），并且将编码器反馈接口 JF1 或 JF2 的 11、12 脚短接，使编码器成虚拟反馈，如图 8-17b 所示。如果故障消失，则为伺服模块故障；如故障还存在，则为系统轴卡故障。

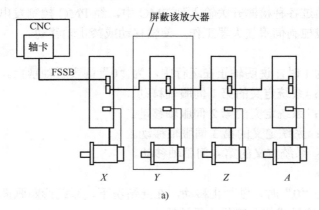

a)

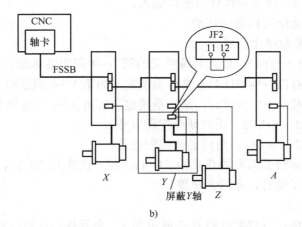

b)

图 8-17 轴屏蔽

a）单轴放大器屏蔽 b）双轴模块屏蔽

对 FANUC 0iD 数控系统，无论是单轴或双轴伺服放大器，只需将要屏蔽轴的参数 PRM1023 设为–128，就可以屏蔽该轴。若屏蔽后出现 404 号报警，可设置 PRM1800#1 为 1。

（2）控制电路板交换　将故障轴与正常轴伺服放大器上同规格的控制电路板交换，如故障消失，则为放大器故障；如故障还存在，则为系统轴卡故障。

例 8-4　某配置 FANUC 0iC 数控系统及 αi 系列伺服模块的立式加工中心，X、Y 轴采用双轴伺服模块。加工过程中系统出现伺服未就绪报警，CRT 显示"401 X 轴伺服未就绪"。

故障诊断：

通过屏蔽轴进行故障诊断，将第 1 轴（X 轴）参数 2009#0 设为 1，参数 2165 设为 0，X 轴伺服电动机编码器反馈接口 JF1 的 11、12 脚短接。系统断电再上电，故障消失，且 Y 和 Z 轴均可移动，说明故障在伺服模块。

故障排除：

更换相同规格的控制电路板，恢复 X 轴屏蔽前的参数，机床正常运行。

任务 5　与伺服轴相关的 PMC 信号

伺服轴能否正常运行受各种外部条件的制约，如润滑是否良好、刀库和机械手是否复位等，这些外部条件通过各种检测开关输入到 PMC 中，经 PMC 控制发出信号到 CNC，CNC 再通过伺服串行总线控制伺服放大器工作，使轴移动或禁止轴移动。

1．轴移动信号

下列接口信号为 1 时，说明轴正在运行中，为"0"则表示轴禁止。

F102.0（MVX）：系统定义的第 1 伺服轴移动。

F102.1（MVY）：系统定义的第 2 伺服轴移动。

F102.2（MVZ）：系统定义的第 3 伺服轴移动。

F102.3（MV4）：系统定义的第 4 伺服轴移动。

2．轴禁止信号

下列接口信号为"0"时，轴禁止移动。在此情况下，系统诊断画面中的诊断号 5 显示为 1，表示各轴互锁信号或起动锁住信号被输入。

G8.0（*IT）：禁止所有伺服轴移动。

G8.4（*ESP）：紧急停止信号。

G130.0～3（*IT1～*IT4）：禁止系统定义的第 1～4 伺服轴移动。

G132.0～3（*+MIT1～*+MIT4）：禁止系统定义的第 1～4 伺服轴正方向移动。

G134.0～3（*−MIT1～*−MIT4）：禁止系统定义的第 1～4 伺服轴负方向移动。

G114.0～3（*+L1～*+L4）：正向硬件超程信号。

G116.0～3（*−L1～*−L4）：负向硬件超程信号。

例 8-5　某采用回转式刀库的立式加工中心，在一次换刀结束后，刀套和机械手已回到原位，但 Z 轴不能自动运行，系统无报警。

故障诊断：

进入系统诊断画面，观察到诊断号 5 显示为 1，表示各轴互锁信号或起动锁住信号被输入，与 Z 轴不能自动运行情况相符。系统定义 Z 轴为第 3 轴，现 Z 轴禁止移动，怀疑轴禁止信号 G130.2 为 0。

1）进入 PMC 状态画面，查找 G130.2，发现 G130.2 为 0，说明 Z 轴禁止属实。

2）为进一步确认引起 G130.2 为 0 的原因，进入 PMC 梯形图画面，查找 G130.2 线圈，得到梯形图如图 8-18 所示。

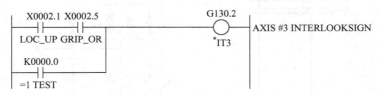

图 8-18 Z轴禁止梯形图

正常情况下，当刀套和机械手均复位后（X2.1=1、X2.5=1），则 G130.2 为 1；若刀套或机械手中有一个复位信号未发出（X2.1=1、X2.5=0，或者 X2.1=0、X2.5=1），则 G130.2 为 0，CNC 一旦接收到 G130.2 为 0 的信号，即禁止 Z 轴运动，故障现象由此产生。

现场观察发现，刀套和机械手已在原位位置，怀疑刀套或机械手复位开关有问题。

3）进入 PMC 状态诊断画面，查找 X2.1 和 X2.5，发现 X2.1 为 0，X2.5 为 1。

4）查阅机床电气线路图，发现 X2.1 对应的是刀库刀套复位开关，X2.5 对应的是机械手复位开关，如图 8-19 所示。

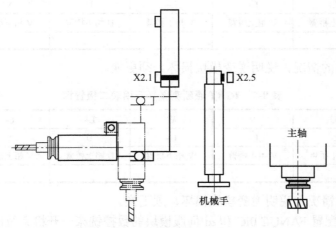

图 8-19 刀套和机械手复位开关

因刀套复位开关无应答，PMC 认为刀套还处在垂直状态，换刀尚未结束，则 G130.2 为 0，系统禁止 Z 轴移动。

故障排除：

1）在保持型继电器画面中，将 K0.0 设为 1，强制 G130.2 为 1，Z 轴恢复移动。

2）将主轴箱移出，留出检查空间。

3）现场检查刀套复位开关，发现已损坏。更换新开关，故障排除，并将 K0.0 复位。

拓展阅读1　**放大器逆变模块测量**

主轴和伺服放大器出现过电流报警往往是由逆变模块（IPM 或 IGBT）或控制电路故障导致的，通过对逆变模块的测量来判断其好坏，为逆变模块更换提供依据。如图 8-20 所示，在放大器断电的情况下，用万用表的二极管挡测量直流母线 L+ 和 L−端与输出端 U、V、W 之间的通断状况，可判断逆变模块是否损坏，测量结果见表 8-6 和表 8-7。

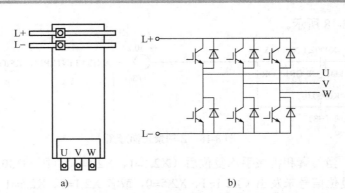

图 8-20 逆变模块测量

a）直流母线和电源输出端 b）逆变电路

表 8-6 续流二极管通断测量（万用表二极管挡）

正表笔	U	V	W	L−	L−	L−
负表笔	L+	L+	L+	U	V	W
导通与否	U 相上桥臂	V 相上桥臂	W 相上桥臂	U 相下桥臂	V 相下桥臂	W 相下桥臂

如果有不导通的情况，说明逆变模块损坏，须更换。

表 8-7 IGBT 通断测量（万用表二极管挡）

正表笔	U	V	W	L+	L+	L+
负表笔	L−	L−	L−	U	V	W
导通与否	U 相下桥臂	V 相下桥臂	W 相下桥臂	U 相上桥臂	V 相上桥臂	W 相上桥臂

如果有导通的情况，说明逆变模块损坏，须更换。

例 8-6 一台配置 FANUC 0iC 和 αi 伺服模块的数控铣床一开机系统出现 449 号报警。

故障分析及诊断：

449 号报警提示伺服模块中 IPM 过电流，打开电气控制柜发现 X 轴伺服模块状态显示窗口显示"8."，进一步确认为 X 轴功率模块中的 IPM 过电流。

1）用兆欧表测量 X 轴伺服电动机定子绕组和电缆绝缘，结果为绝缘正常。

2）用万用表二极管挡测量 U、V、W 端和 L+和 L−端间的通断情况，结果发现 U 相上桥臂 IGBT 导通，说明 U 相逆变模块 IPM 损坏，引起短路过电流。

故障排除：

更换 IPM 后报警排除，X 轴驱动 LED 显示 0，X 轴驱动恢复正常。

拓展阅读2   **通过诊断号诊断"伺服未准备好"报警**

伺服未准备好 401 号报警除了采用轴屏蔽和模块交换等诊断手段外，还可以采用系统诊断号进行诊断。FANUC 0iC 及 0iD 系统中，诊断号 358 可诊断伺服未准备好的具体原因。伺服准备好内部信号及流程如图 8-21 所示。

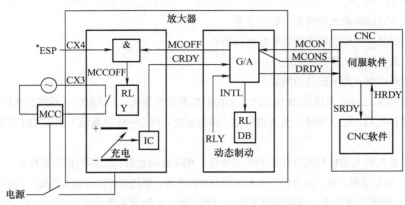

图 8-21　伺服准备好内部信号及流程

MCON：CNC 上电后发出请求伺服准备信号。

MCONS：伺服准备请求应答信号。

MCOFF：伺服通信正常后，发出请求电源单元准备信号；若准备完成，回复 MCONA 应答信号（图中未表示）。

*ESP：机床急停信号。

MCCOFF：电源单元准备好后，发出吸合接触器 MCC 触点的信号。

CRDY：MCC 吸合后主回路充电，得到直流母线电压 300V，发出电源准备好信号 CRDY。

INTL：伺服接收到 CRDY 信号后，发出动态制动器解锁信号。

RLY：动态制动器解锁结束返回信号。

DRDY：伺服放大器发送给 CNC 的驱动准备好信号。

SRDY：CNC 伺服软件发送给 CNC 软件有关 PMC 控制的伺服准备好信号。

HRDY：CNC 软件发送给伺服软件关于系统硬件准备好信号。

上述各信号在诊断号 358 中用十进制数值表示，转换成 16 位二进制后，每个数据位对应相应的信号，如图 8-22 所示。

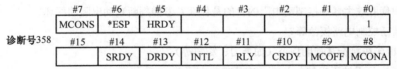

图 8-22　诊断号 358 数据位

正常情况下，诊断号 358 显示 32737，其二进制的第 5～14 位全为 1。系统 401 号报警时，观察诊断号 358 二进制数据位，出现为 0 的数据位即为报警的原因。例如，诊断号 358 显示 32673，对应的二进制为 111111110100001，其中第 6 位（*ESP）为 "0"，表示系统急停引起伺服未准备好报警。

思考题与习题

1．带电磁制动器的伺服电动机用在什么场合？制动器动作与线圈通、断电是怎样的逻辑关系？

2．怎样监视伺服电动机运行时的电流？

3．伺服电动机绕组或动力线电缆绝缘不良会造成什么后果？

4．引起伺服过载的原因有哪些？如何诊断？

5．引起伺服过电流的原因有哪些？如何诊断？

6．伺服初始化的目的是什么？

7．怎样诊断伺服未准备好的故障？

8．某配置 FANUC 0iC 系统和 βi 伺服放大器的斜床身数控车床，X 轴运行时系统时常出现 430 号报警。系统断电再重新起动后，按 X 轴正、负向进给键，刀架运动，但 2～3s 后系统又出现 430 号报警。维修人员作了如下诊断：

1）脱开 X 轴伺服电动机与滚珠丝杠间的同步带，用手盘动丝杠。此举的目的是什么？

2）步骤 1）检查结果正常。接着检查 X 轴伺服电动机绕组、电缆绝缘以及插头连接。此举的目的是什么？

3）步骤 2）检查结果正常。接着观察发现 X 轴静止时，X 轴伺服电动机电流值在 6～11A 范围内变化。查阅资料获知，X 轴伺服电动机额定电流为 6.8A，这一情况说明什么问题？

4）X 轴伺服电动机带有电磁制动器，进一步检查制动器线圈电源，发现电压为 0V。至此，故障原因是什么？

5）最后检查发现，制动器线圈熔断器座螺母松动，连线脱落。如何处理？

9．某数控铣床配置 βi 系列伺服放大器。运行过程中系统出现 Y 轴 414 号报警。414 号报警为数字伺服报警，通过系统诊断画面诊断号 200～204 或伺服调整画面 ALARM1～4 数据位来进一步诊断故障原因。检查发现诊断号 200（ALARM1）第 2 位显示为 1，如题图 8-1 所示。

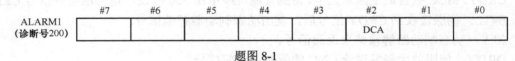

	#7	#6	#5	#4	#3	#2	#1	#0
ALARM1 （诊断号200）						DCA		

题图 8-1

诊断号 200（ALARM1）第 2 位为 1，说明伺服电动机减速过程中的再生能量不能快速释放，引起直流母线过电压报警。故障原因如下：①系统伺服参数设定错误；②外接制动电阻故障或接触不良；③伺服放大器控制电路板故障。问：

1）针对伺服软件不良的原因，如何处理？

2）βi 系列伺服放大器外接制动电阻的目的是什么？怎样判断制动电阻的好坏？

3）如何判断控制电路板故障？

10．数控机床在执行某辅助指令（如换刀、冷却等）后，轴禁止运行，且系统无报警。此时，应从哪些方面着手进行诊断？

11．某数控车床在执行 M08 指令后有切削液喷出，但加工程序不继续往下执行，X 轴和 Z 轴处于禁止状态，系统无报警显示。最后检查发现，切削液流量开关损坏。说明流量开关损坏是怎样产生该故障现象的。

12．某数控车床带有自动对刀仪，如题图 8-2 所示。对刀时，摆臂伸出，伸出检测开关发出信号；对刀结束，摆臂复位，复位开关发出信号。某次对刀结束且摆臂复位后，刀架+Z 向可移动，但-Z 向禁止移动。根据故障现象，分析故障可能的因素及诊断思路。

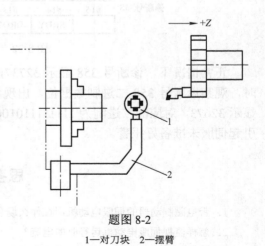

题图 8-2

1—对刀块　2—摆臂

模块九　伺服系统故障诊断及伺服调整

项目一　伺服系统位置测量

任务 1　有关位置测量的参数设定

一、半闭环和闭环伺服系统

数控机床伺服系统是以位置和速度为控制目标的自动控制系统，由系统轴卡、伺服放大器、伺服电动机、进给机械传动机构及编码器或光栅等组成，根据位置检测方式的不同有半闭环伺服系统和闭环伺服系统，图 9-1 所示为 FANUC 伺服系统组成示意图。

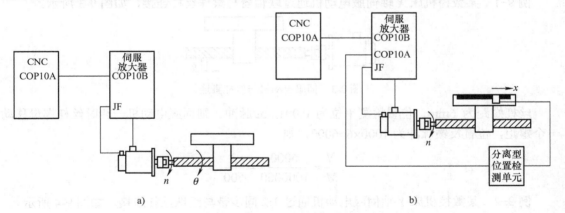

图 9-1　FANUC 伺服系统组成示意图

a）半闭环伺服系统　b）闭环伺服系统

半闭环伺服系统中，伺服电动机内装编码器既作速度检测又作位置检测，通过测量角位移间接测量移动部件的直线位移；闭环伺服系统中，伺服电动机内装编码器仅作速度检测，安装在移动部件上的光栅作位置检测，对移动部件进行直接测量；有些闭环伺服系统中，通过安装在滚珠丝杠上的独立编码器进行位置检测。FANUC 数控系统中，光栅和独立编码器又称为分离型编码器。光栅或独立编码器的检测信号通过分离型位置检测单元处理后再反馈给伺服放大器，参见模块三图 3-4、图 3-5 所示的光栅连接。有关伺服位置测量参数可在伺服设定画面中观察或设定，如图 9-2 所示。

伺服设定		X AXIS
初始设定位（对应PRM2000） ——	INITIAL SET BITS	00001010
伺服电动机ID（对应PRM2020） ——	MOTOR ID NO.	277
电流倍增比（对应PRM2001） ——	AMR	00000000
指令倍增比（对应PRM1820） ——	CMR	2
	FEEDGEAR N	3
进给传动比（对应PRM2084/2085） ——	(N/M) M	250
电动机旋转方向（对应PRM2022） ——	DIRECTION SET	111
速度脉冲数（对应PRM2023） ——	VELOCITY PULSE NO.	8192
位置脉冲数（对应PRM2024） ——	POSITION PULSE NO.	12500
参考计数器容量（对应PRM1821） ——	REF. COUNTER	12000

图9-2 伺服设定画面中的伺服参数

二、进给传动比设定

为了使指令位置的脉冲当量与位置反馈脉冲当量匹配，必须设置有关位置测量的参数，如进给传动比等。在伺服设定画面中设定进给传动比 N/M。

1. 半闭环伺服系统

$$\frac{N}{M}=\frac{\text{伺服电动机一转所需的位置反馈脉冲数}}{1000000}\text{（约分数）}$$

例9-1 某数控机床 X 轴伺服电动机通过联轴器与滚珠丝杠连接，如图9-3所示。

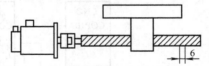

图9-3 伺服电动机与丝杠直连

丝杠螺距为 6mm，位置检测单位为 0.001mm/脉冲。则伺服电动机一转时丝杠螺母移动一个螺距，位置反馈脉冲为 1000×6=6000，则

$$\frac{N}{M}=\frac{6000}{1000000}=\frac{3}{500}$$

例9-2 某数控机床 Y 轴伺服电动机通过 1:2 同步带与滚珠丝杠连接，如图9-4所示。

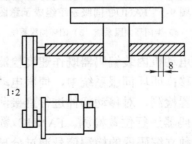

图9-4 伺服电动机通过同步带与丝杠连接

丝杠螺距为 8mm，位置检测单位为 0.001mm/脉冲，则伺服电动机一转时丝杠螺母移动半个螺距，位置反馈脉冲为 1000×4=4000，则

$$\frac{N}{M} = \frac{4000}{1000000} = \frac{1}{250}$$

2．闭环伺服系统

$$\frac{N}{M} = \frac{\text{伺服电动机一转所需的位置反馈脉冲数}}{\text{伺服电动机一转分离型检测单元位置反馈脉冲数}}（约分数）$$

例 9-3　某数控机床 X 轴伺服电动机通过联轴器与滚珠丝杠连接，光栅位置检测，如图 9-5 所示。

丝杠螺距为 12mm，位置检测单位为 0.001mm/脉冲，光栅检测精度为 0.5μm/脉冲。则伺服电动机一转时丝杠螺母移动一个螺距，位置反馈脉冲为 1000×12=12000，分离型位置检测单元位置反馈脉冲为 1000×12/0.5=24000，则

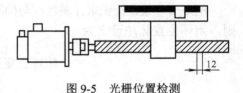

图 9-5　光栅位置检测

$$\frac{N}{M} = \frac{12000}{24000} = \frac{1}{2}$$

例 9-4　某数控车床 Z 轴伺服电动机通过 1:1 同步带与滚珠丝杠连接，Z 轴丝杠端安装一个独立编码器作为 Z 轴位置检测，如图 9-6 所示。

丝杠螺距为 6mm，编码器为 2000 脉冲/转，4 倍频处理。因为传动比为 1:1，位置检测单位为 0.001mm/脉冲，则伺服电动机一转所需的位置反馈脉冲数为 1000×6=6000；编码器经 4 倍频处理后，分离型位置检测单元位置反馈脉冲为 2000×4=8000，则

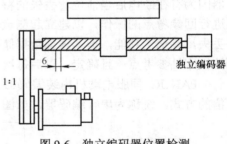

独立编码器

1:1

图 9-6　独立编码器位置检测

$$\frac{N}{M} = \frac{6000}{8000} = \frac{3}{4}$$

三、参考计数器容量

参考计数器对编码器反馈脉冲进行计数，当计数到设定的容量值时产生一个栅格信号。栅格信号用于栅格方式回参考点的控制。

$$\text{参考计数容量（PRM1821）} = \frac{\text{伺服电动机一转所需的位置移动量}}{\text{检测单位}}$$

例 9-5　某数控机床 X 轴伺服电动机通过联轴器与滚珠丝杠连接，丝杠螺距为 10mm，位置检测单位为 0.001mm/脉冲，则 X 轴参考计数器容量设定值为

$$\text{参考计数容量} = \frac{10}{0.001} = 10000$$

四、其他伺服参数

1．伺服电动机旋转方向

参数 PRM2022 设定 111，电动机旋转方向为正方向，从编码器端看顺时针方向旋转；参

数设定为－111，电动机旋转方向为负方向，从编码器端看逆时针方向旋转。

2．速度脉冲数

串行编码器设定为8192。

3．位置脉冲数

半闭环伺服系统中，设定为12500；全闭环伺服系统中，设定为伺服电动机一转分离型编码器位置脉冲数。

例9-6　某数控铣床 X 轴丝杠与伺服电动机直连，丝杠螺距12mm，光栅分辨率0.0005mm。则，闭环位置脉冲设定为

$$闭环位置脉冲数 = \frac{12}{0.0005} = 24000$$

任务2　串行编码器及光栅故障诊断

一、伺服电动机内装编码器

FANUC 伺服电动机内装编码器有增量式编码器和绝对式编码器两种类型。增量式编码器因为有在断电后当前位置丢失的特点，所以采用增量式编码器的数控机床每次开机后轴要进行回参考点的操作，以建立起测量基准；绝对式编码器在系统断电后，当前的位置信息不丢失，有记忆功能，但其内部数据储存器需靠外部电池支持，因此，采用绝对式编码器的数控机床轴参考点一旦确定，以后每次开机后不需进行回参考点的操作。

FANUC 伺服电动机内装编码器无论是增量式的还是绝对式的，其数据传输采用串行通信的方式，统称为串行编码器，如图9-7所示。

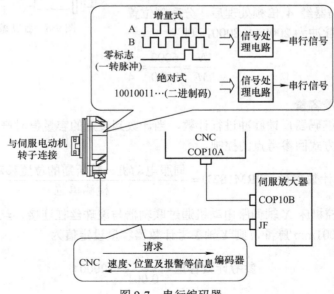

图9-7　串行编码器

增量式编码器通过对脉冲信号的计数和频率测量获得角位移和速度信息，其另一个重要特征就是有零标志信号（又称一转脉冲），在回参考点的控制中有重要作用；绝对式编码器是通过

对二进制码的识别来获得位置和速度信息。在数据传输过程中，数控系统通过串行总线向编码器发出请求信号，编码器接收到请求信号后，将位置、速度及报警等信息发送给数控系统。

二、光栅

光栅是一种高精度的位置检测装置，有长光栅和圆光栅两种类型。长光栅用于直线位移的测量，又称直线光栅，用于工作台、主轴箱或刀架直线位移的直接测量；圆光栅用于角位移测量，常用于数控回转工作台角位移的直接测量。按信号处理方式，光栅有增量式光栅和绝对式光栅。FANUC 数控系统中，光栅通过分离型检测单元与伺服串行总线连接，如图 9-1b 所示。图 9-8 所示为直线光栅在机床上的安装示意图。

光栅尺固定机床床身上，读数头固定在工作台上，读数头随工作台一起移动，将工作台的直线位移转换成电信号由电缆输出。增量式光栅由光源、标尺光栅、指示光栅、光敏元件和信号处理电路等组成，如图 9-9 所示。

图 9-8 直线光栅安装

1—尺身 2—读数头

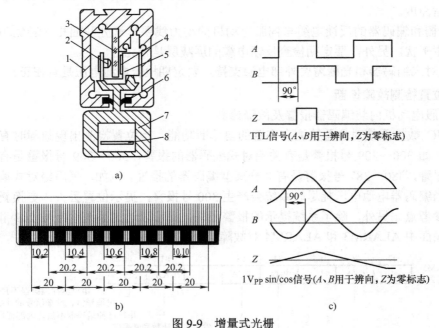

图 9-9 增量式光栅

a）内部结构 b）带距离编码的标尺光栅 c）光栅信号

1—尺身（铝合金外壳） 2—带聚光透镜的 LED 3—标尺光栅 4—指示光栅
5—游标（带光敏元件） 6—密封唇 7—扫描头 8—电子线路板

标尺光栅由光学玻璃或不锈钢带制成并在尺身内固定，其上刻有等间隔的条纹，称为栅距；指示光栅固定在读数头内，其上也刻有等间距的条纹。指示光栅与标尺光栅相对应并倾斜微小角度。当指示光栅与光源及光电元件一起移动时，它与标尺光栅之间会产生光学干涉现象，在光敏元件上产生明暗相间的条纹，生成电信号，经信号处理电路输出 TTL 脉冲信号或 1V$_{PP}$ sin/cos 正弦波信号。每一个脉冲对应一个栅距移动，对脉冲进行计数即对栅距进行累加，累加的结果就是被测直线位移。例如，HEIDEHAIN 公司的 LB382 增量式光栅，其栅距为 40μm，1V$_{PP}$ sin/cos 正弦波信号；LS177 增量式光栅，其栅距为 20μm，TTL 脉冲信号。增量式光栅的零标志有两种方式，一种是在标尺光栅中部设置零标志条纹；另一种是带距离编码的零标志，如图 9-9b 所示。距离编码零标志就是按等差数列刻有零标志条纹，其目的在于，在回参考点的过程中的任意位置，只要就近连续过两个零标志，数控系统就能根据零标志的尺寸链确认参考点，节省回参考点的路程和时间。

在绝对式光栅中，标尺光栅上刻有距离编码，每一编码对应一个位置值，光栅移动时生成二进制码信号。绝对式光栅通常按一定的通信协议采用串行通信方式进行数据传输，如 HEIDEHAIN 公司的 LC193F 绝对式光栅有针对 FANUC 系统的通信接口。

三、编码器和光栅的维护

1）防止对光栅和编码器的冲击，以免玻璃码盘或光栅尺破裂。

2）防止切削液对光栅和编码器的渗透，以免码盘或光栅尺受到污染。光栅尺可以从尺身中抽出，要用专门的清洁剂和工具对光栅尺进行清洗。有些光栅尺两端通有压缩空气，使光栅内腔气压大于外界气压，以抵御外界油雾、粉尘或切削液的侵入，要定期检查压缩空气的压力和洁净度。

3）光栅和编码器的反馈电缆与伺服电动机的动力线要尽量分开捆扎，避免动力线对反馈电缆产生干扰。另外，要定期检查反馈电缆的屏蔽层是否完好。

4）绝对式编码器和光栅需要外部电源支持，要定期检查电池电压是否在正常范围内。

四、位置检测故障诊断

1．伺服电动机内装编码器报警及故障诊断

FANUC 数控系统对位置检测有完善的自诊断功能，当位置检测出现故障时有相应的报警号显示，如 300～309 号报警是有关绝对式编码器的报警，360～369 号报警是有关增量式编码器的报警，380～387 号报警是有关分离型编码器的报警。例如，采用绝对式编码器的数控机床，当编码器电池电压耗尽时系统会产生 300 号报警，提示位置丢失。更换新电池后，要重新回参考点。另外，除了系统提示的报警号外，还可以通过系统诊断号 202 和 203，或伺服调整画面中 ALARM3 和 ALARM4 对故障原因进行判别，如图 9-10 所示。

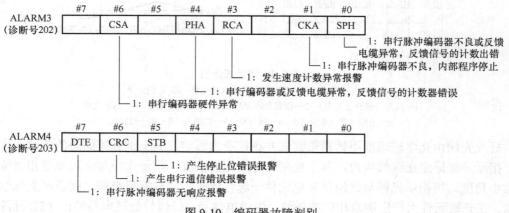

图 9-10　编码器故障判别

当 202 诊断号（ALARM3）诊断数据位为 1 时，系统断电再上电后，若前后诊断数据相同，则串行编码器可能出现故障；若诊断数据恢复为 0，则故障可能是外部干扰引起的。

当 203 诊断号（ALARM4）诊断数据位为 1 时，因为位置检测涉及编码器、伺服放大器控制电路板、系统轴卡及连接电缆等各个环节，所以为确定故障部位，可采用交换法进行判别。具体诊断方法如下：

1）对调伺服放大器上的编码器电缆插头。若故障转移到另一个轴，则故障在编码器侧，故障原因可能是编码器电缆不良、接口插头故障或编码器本身故障；若故障未转移，则可能是伺服放大器控制电路板或系统轴卡故障。

2）为进一步判断是伺服放大器控制电路板故障还是系统轴卡故障，对调同规格的伺服放大器控制电路板。若故障转移到另一个轴，则是伺服放大器控制电路板故障；若故障未转移，则是系统轴卡故障。

3）对系统轴卡故障，进行伺服参数初始化，若故障消失，则故障为伺服参数存储软件不良；若故障未消除，则故障为系统主板不良。

2．分离型编码器位置反馈断线报警及故障诊断

采用光栅或独立编码器进行位置检测中，当反馈信号异常时，系统会产生位置反馈断线报警。447 号报警为分离型编码器硬件断线报警；445 号报警为软件断线报警，软断线报警是由于伺服电动机内装编码器的反馈脉冲数与分离型编码器的反馈脉冲数的偏差过大引起的。

（1）硬件断线报警的原因

1）分离型编码器电缆不良或断线。

2）分离性编码器电源电压低（标准为 5V）。

3）分离型编码器本身故障。

4）伺服放大器控制电路板不良。

5）系统轴卡不良。

（2）软断线报警的原因

1）伺服电动机与滚珠丝杠连接松动。

2）进给机械传动机构间隙大。

位置反馈断线报警也可以从系统诊断号 201 或伺服调整画面 ALARM2 进行判别，如图 9-11 所示。

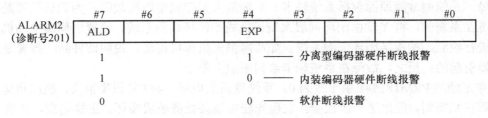

图 9-11　位置断线故障诊断

对软件断线报警，通常要对故障轴的进给传动机构进行调整。对硬件断线报警，采用模

块交换法来判断故障是在分离型编码器侧，还是在系统轴卡或伺服放大器侧。方法是：将故障轴与另一同规格伺服轴的连接电缆对调，若故障报警转移到另一伺服轴上，则故障在分离型编码器侧；若故障不转移，则故障在系统轴卡或伺服放大器控制电路板侧。

另外，对于分离型编码器硬件断线报警，还可采用闭环和半闭环切换的方式来判断故障部位。

FANUC 0i 系统中，PRM1815#1=1，表示使用分离型编码器；PRAM1815#1=0，表示不使用分离型编码器，如图 9-12 所示。

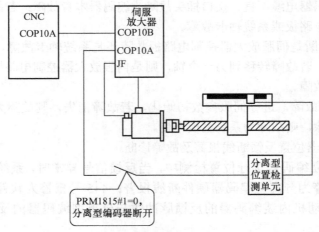

图 9-12　闭环和半闭环参数切换

将参数 PRM1815#1 由 1 改为 0，即位置由分离型编码器进行检测（闭环）切换为由伺服电动机内装编码器进行检测（半闭环）。如故障消失，则故障在分离型编码器侧；如果故障仍存在，则故障在系统轴卡或伺服放大器控制电路板侧。

例 9-7　某采用 FANUC 0iC 系统和 βi SVPM 放大器的卧式数控车床，X 轴和 Z 轴采用光栅进行位置检测。加工中，X 轴出现 447 号报警。

故障分析及诊断：

447 号报警为位置反馈硬件断线报警。通过系统诊断画面或伺服调整画面，发现诊断号 201（ALARM2）的#7 和#4 位均为 1，进一步确认 X 轴光栅侧硬件断线故障。

X 轴由光栅进行位置检测构成闭环伺服系统，速度由伺服电动机内装编码器进行检测。现 X 轴光栅侧为硬件断线故障，故障原因包括光栅本身故障、光栅电缆故障、分离型检测单元故障；系统侧故障原因包括系统轴卡、X 轴放大器控制电路板故障。为确认故障是在光栅侧还是在系统侧，将 X 轴由闭环伺服系统切换成半闭环伺服系统，位置由伺服电动机内装编码器进行检测，构成半闭环伺服系统。如故障消失机床可运动，说明硬件断线报警是由光栅侧故障引起的；反之，故障在系统轴卡或伺服放大器上。

将 X 轴的 PRM1815#1 由 1 改为 0，系统重新上电后，447 号报警消失，机床可运动，确认故障在光栅侧。经过进一步检查，发现光栅电缆某处屏蔽层损坏。更换电缆，恢复 X 轴为闭环伺服系统，机床正常运行。

3. 光栅屏蔽

采用闭环伺服系统的数控机床，在运行过程中一旦出现光栅或独立编码器的故障或伺服系统不稳定的现象，为使机床能继续运行，在满足加工精度的前提下，将闭环伺服系统切换成半闭环伺服系统。

（1）参数调整

1）系统由闭环控制切换成半闭环控制，参数 PRM1815#1 由原来的 1 改为 0。

2）系统返回参考点的速度参数 PRM1425 设定值改为 200mm/min。

3）系统反向间隙加速功能参数 PRM2003#5 由原来的 1（使用）改为 0（不使用）。

4）系统双位置反馈功能参数 PRM2019#7 由原来的 1（使用）改为 0（不使用）。

5）振荡抑制参数 PRM2033 设定为 0。

6）按半闭环控制设定伺服参数，包括进给传动比 N/M、参考计数器容量。

（2）注意事项

1）系统由闭环控制转为半闭环控制后，轴参考点位置可能发生变化，尤其是加工中心换刀点（通常设定在参考点），需重新进行调整。

2）重新进行轴反向间隙的测量并进行补偿设定。

3）光栅屏蔽前应对系统数据进行备份，以便光栅恢复后进行数据恢复。

任务 3 回参考点故障诊断

一、参考点

1. 参考点与机床原点

数控机床原点是各坐标轴的测量基准，它是固定的，机床参考点是相对于机床原点的一个位置点，机床参考点与机床原点之间有严格的尺寸关系，并在系统参数中设定。增量式检测因为系统断电后位置无记忆功能，所以每次开机上电后要进行回参考点的操作，当轴到达参考点后即确认了机床原点，测量基准建立；绝对式检测因为系统有断电记忆功能，一次回参考点后，系统即记忆住参考点位置，以后每次开机上电后不需回参考点的操作，除非参考点位置丢失，需重新设定。图 9-13 所示为数控机床原点和参考点示意图。

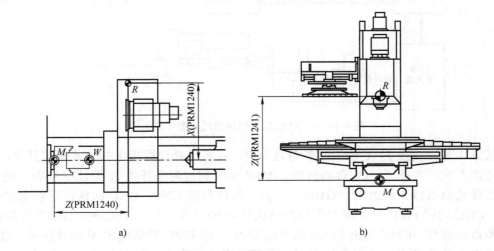

图 9-13 数控机床原点和参考点

a）数控车床原点和参考点 b）立式加工中心 Z 轴参考点

数控车床原点 M 在主轴端面中心，参考点 R 为刀架移动的 X 轴和 Z 轴的极限位置，如图 9-13a 所示，FANUC 0i 数控系统中，X 轴和 Z 轴的参考点位置尺寸设定在参数 PRMPRM1240 中；在如图 9-13b 所示的立式加工中心中，换刀点通常作为 Z 轴的第 2 参考点，参数为 PRM1241，该参考点为斗笠式刀库的安装位置，每次换刀前主轴回换刀点就是回参考点，这样可以保证换刀位置的准确性。

2．参考点调整注意事项

1）事先记录机床出厂时参考点的位置及参数设定值。

2）若参考点调整后位置发生偏移，则需要对丝杠螺距误差重新进行测量和补偿，因为螺距补偿的数值是以参考点为基准的。

3）加工中心中，若换刀点与参考点重合，则参考点调整后，换刀点也要作相应的调整，以避免换刀故障。

4）绝对编码器的后备电池要在系统通电的状态下进行更换，以免绝对编码器中的数据丢失。

二、增量式回参考点及故障诊断

1．增量式回参考点过程

增量式回参考点必须有零标志信号和减速开关信号，回参考点过程通过 PMC 由系统软件控制完成，图 9-14 所示为 FANUC 0iC 系统增量式回参考点信号，图 9-15 所示为回参考点过程。

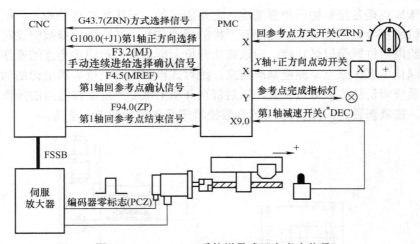

图 9-14　FANUC 0i 系统增量式回参考点信号

以第 1 轴（定义为 X 轴）回参考点为例，在机床操作面板上按方式操作开关，选择回参考点方式，并按"+X"点动按键，PMC 接收到这两个开关 X 地址信号后，经 PMC 程序处理输出 G43.7（ZRN）、G100.0（+J1）等信号给 CNC，CNC 即执行回参考点控制，同时，CNC 返回 PMC 有关回参考点的确认信号 F3.2 和 F4.5，X 轴进行回参考点的运动；回参考点结束后，CNC 输出 F94.0 信号给 PMC，经 PMC 控制输出 Y 地址信号，使机床操作面板上的参考点完成指示灯点亮。在回参考点过程中，轴要经过减速开关，FANUC 系统中，规定减速开关为固定地址，即第 1～4 轴为 X9.0～X9.3（*DEC1～*DEC4），减速开关动作时低电平有效，其信号由 CNC 直接控制。

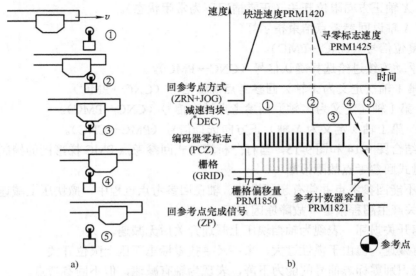

图 9-15　FANUC 0i 回参考点过程

a）减速开关动作　b）回参考点信号

回参考点过程：

① 轴以由参数 PRM1420 设定的速度（快速）向参考点快速运动。

② 轴挡块压上减速开关，开关状态为 1 变为 0。

③ 轴以由参数 PRM1425 设定的速度（低速）继续移动。

④ 轴挡块脱开减速开关，开关状态由 0 变为 1，数控系统接收到减速开关发生"1→0→1"的变化，立即寻找编码器自此开始产生的零标志信号。

⑤ 轴找到零标志后，再移动一个栅格偏移量（由参数 PRM1850 设定）后停止，停止点即为参考点。数控系统向 PMC 发出参考点结束信号（ZP）。

增量式回参考点 PMC 梯形图如图 9-16 所示。

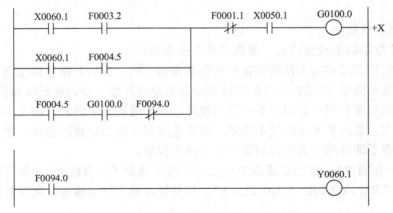

图 9-16　增量式回参考点 PMC 梯形图

图 9-16 中，各地址含义如下。

X60.1：X 轴正方向点动开关。

X50.1：X 轴正方向限位开关（正常情况下为常闭状态）。

Y60.1：X 轴返回参考点结束指示灯。

F1.1：复位信号（CNC→PMC）。

F3.2：手动连续进给选择确认信号（CNC→PMC）。

F4.5：第 1 轴（定义为 X 轴）回参考点确认信号（CNC→PMC）。

F94.0：第 1 轴（定义为 X 轴）回参考点结束信号（CNC→PMC）。

G100.0：第 1 轴（定义为 X 轴）正方向选择信号（PMC→CNC）。

读者可结合图 9-14 和图 9-15，自行分析增量式回参考点 PMC 梯形图的控制原理。

2．增量式回参考点故障诊断

（1）轴不能回参考点并伴有超程报警　轴在回参考点过程中，撞块压上减速开关，直至压上限位开关产生超程报警。故障原因如下：

1）减速开关损坏，表现为轴挡块压上减速开关后无减速。

2）轴有减速，但由于惯性过大，来不及寻找零标志而压上限位开关。

3）系统识别零标志信号的能力下降，表现为轴有减速，但不回参考点。

4）编码器故障，零标志丢失，表现为轴有减速，但不回参考点，通常伴随有编码器零标志报警。

（2）轴能返回参考点但存在系统性偏差　减速开关信号从 0 到 1 变化瞬间，正好存在一个临界状态，即编码器零标志信号刚过，系统必须等下一个零标志信号产生才回参考点。这样，参考点位置就产生了一个栅格偏差，若滚珠丝杠与伺服电动机直连，则一个栅格偏差就是一个螺距。应调整挡块位置，避开零标志产生的临界状态。

（3）轴能返回参考点但存在随机性偏差　每次回参考点后，参考点位置产生偏移，且偏移的距离不相等。故障的原因如下：

1）编码器电缆屏蔽、接地及伺服电动机动力线干扰，造成编码器信号受到干扰。

2）编码器电源电压低于 4.75V，造成编码器信号强度降低。

3）伺服电动机与丝杠连接松动，造成伺服电动机转动的角度与丝杠实际转动的角度不一致。

4）编码器本身故障。

5）参考计数器容量设置错误，栅格信号产生误差。

参考点随机性偏差对加工精度稳定性的影响是很大的，因为对批量加工而言，若机床每次回参考点位置不稳定，机床加工时的工件坐标系会随每次参考点的随机性偏差而产生偏移，机床所加工的批量零件尺寸会出现不一致的现象，从而造成批量废品。加工中心的换刀点通常设置在参考点，若回参考点位置不稳定，就会造成每次换刀位置不稳定，出现换刀故障，如换刀机械手臂不能准确地卡住刀柄而产生碰撞等现象。

例 9-8　一配置 FANUC 0iC 系统的加工中心采用增量式位置检测，X 轴在回参考点的过程中出现报警"506 OVER TRAVEL +X"。反复操作都产生该报警，同时观察到回参考点时有减速过程。

故障分析及诊断：

"506 OVER TRAVEL +X"表示 X 轴正向超程。从故障现象看，因为有减速过程，说明减速开关是正常的，判断故障是零标志丢失所致。

1）检查系统零标志识别能力是否下降。修改回参考点速度参数 PRM1425，将 PRM1425 设定值降低，通过减小回参考点的速度来提高系统零标志的识别能力，观察故障是否有消失。

2）若上述步骤无效，则编码器及电缆可能受到干扰或故障。

故障排除：

将 X 轴 PRM1425 的数值由原来的 200 修改为 100，注意其他轴的 PRM1425 也要修改为相同的值。进行回参考点操作，回参考点正常，故障排除。由此说明，故障原因为系统零标志识别能力下降所致。

例 9-9　一配置 FANUC 0iC 系统的数控车床采用增量式位置检测，X 轴每次回零后产生随机性偏差。操作者每天开机回零后通过刀补校正工件零点，在不关机的情况下，加工尺寸准确。

故障分析及诊断：

从外围开始检查，有关干扰、编码器电缆及电源电压，以及机械连接松动等故障因素均排除，最后怀疑参考计数器容量设置有误。

1）检查参考计数器容量参数 PRM1821 的设定值，记录当前的设定值为 4000。

2）查阅机床机械结构说明书获知，X 轴丝杠螺距为 10mm，X 轴丝杠与伺服电动机直连。

3）X 轴半闭环控制，位置检测单位为 0.001mm，则 X 轴参考计数器容量设定值为

$$参考计数容量 = \frac{伺服电动机一转工作台移动量}{检测单位} = \frac{10}{0.001} = 10000$$

故障排除：

PRM1821 数值改为 10000 后，X 轴回参考点正常。故障是因为参考计数器容量设置错误导致栅格信号无规律，从而造成每次回零产生随机性偏差。

三、绝对式回参考点及故障诊断

1. 参考点建立

绝对式编码器位置丢失后，需重新建立参考点。与绝对式回参考点有关的参数如下：

PRM1815#4=0，表示绝对式编码器原点位置未建立；PRM1815#4=1，表示绝对式编码器原点位置已建立。

PRM1815#5=0，表示不使用绝对编码器作为位置检测；PRM1815#5=1，表示使用绝对编码器作为位置检测。

PRM1005#1=0，表示有挡块回参考点；PRM1005#1=1，表示无挡块回参考点。

（1）无挡块对标记参考点设定　无挡块对标记参考点设定如图 9-17 所示。

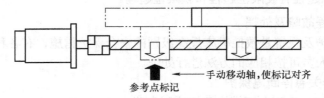

图 9-17　无挡块对标记参考点

设定过程：

1）在 JOG 方式下，手动移动轴，使轴上标记与机床上的参考点标记对准。

2）在系统设定画面中，将可写入参数项（PKW）设定为 1。

3）调出系统参数画面，找到参数 PRM1815，设定 PRM1815#4 为 1。

4）系统断电再重新上电，参数设定生效。

5）在系统设定画面中，将可写入参数项（PKW）设定为 0，系统断电再重新上电，参考点设定完成。

（2）有挡块参考点设定　　有挡块回参考点如图 9-18 所示。

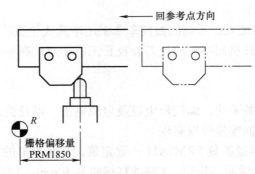

回参考点方向

栅格偏移量
PRM1850

图 9-18　有挡块回参考点

设定过程：

1）在机床操作面板上选择回参考点方式和回参考点轴，按方向进给键。

2）轴快速移动，轴挡块压上减速开关后减速，减速开关经过 "1→0→1" 变化后，轴再移动一个栅格位置后停止，该位置即为参考点。

3）参数 PRM1815#4 自动变为 1，参考点设定完成。

2．绝对式回参考点故障诊断

内装或分离型绝对式编码器需靠伺服放大器上的后备电池进行数据保护，一旦绝对位置丢失，系统就会出现 300 号报警，故障原因如下：

1）绝对式编码器后备电池不足。

2）更换了绝对式编码器或伺服电动机。

3）更换了伺服放大器。

4）反馈电缆与伺服放大器或伺服电动机连接不良。

任务 4　超程故障诊断及处理

FANUC 0i 系统超程有硬限位超程和软限位超程。

一、硬限位超程故障及处理

硬限位超程保护及报警是数控机床最高级别的安全保护措施，有各种实现方法。当出现超程故障时，维修人员可按相应的方法进行处理。

1．通过限位开关急停断电保护

图 9-19a 所示为 αi 系列电源模块急停控制电路。

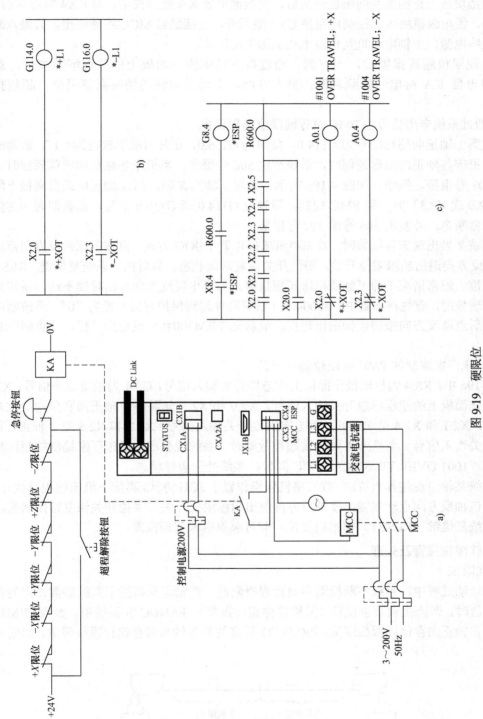

图 9-19 硬限位

a) 电源模块急停控制电路 b) 系统专用信号 PMC 硬限位超程保护（部分）
c) 机床厂家编制的 PMC 硬限位超程保护（部分）

当轴挡块压上正向或负向限位开关后，安全继电器 KA 线圈失电，与 CX4 端连接的 KA 触点断开，经电源模块内部控制电路使 CX3 端断开，主接触器 MCC 线圈失电，其触点断开放大器进线电源，主轴电动机及伺服电动机因失电停止。

发生硬限位超程报警后，一方面，通过按下机床操作面板上的超程解除按键，重新使安全继电器 KA 得电，解除急停；另一方面，手动反向移动轴脱离硬限位，超程报警解除。

2．通过系统专用信号由 PMC 进行硬限位超程保护

系统第 1 轴正向超程信号为 G114.0，负向为 G116.0，正常情况下该位为 "1"，故障时为 "0"，当机床各轴正向出现超程时，系统产生 506 号报警；当机床各轴负向出现超程时，系统产生 507 号报警。例如，如图 9-19b 所示，设第 1 轴为 X 轴，当 X 轴正向或负向撞上限位开关（X2.0 或 X2.3）时，经 PMC 控制，即触发 G114.0 或 G116.0 信号，系统即通知主轴和伺服放大器断电，并发出 506 号或 507 号报警。

当系统某轴出现超程报警时，首先将机床操作置于 JOG 方式，再按下该轴反方向点动按键，使轴反方向退出超程限位开关，限位开关恢复常闭状态，最后按下系统复位键（RESET）使系统复位，通常情况下即可解除机床超程报警。如果出现反方向点动时轴不动，系统处于死机状态现象时，首先将参数 PRM3004#5（系统硬件超程保护有效）设为 "0"，系统断电再上电，然后点动反方向按键使轴退出超程，最后把 PRM3004#5 设定为 "1"，就可解除超程报警。

3．机床厂家编制的 PMC 硬限位超程保护

图 9-19c 中，X8.4 为机床操作面板上的急停开关输入信号，G8.4 为系统急停信号，X20.0 为机床操作面板上的超程释放开关输入信号。X2.0 和 X2.3 分别是 X 轴正向和负向限位开关输入信号，X2.1 和 X2.4 是 Y 轴正、负方向限位开关输入信号，X2.2 和 X2.5 是 Z 轴正、负方向限位开关输入信号。当机床 X 轴出现超程故障时，系统就会产生机床厂家编制的超程报警信息，如 "1001 OVER TRAVEL：+X"，同时，系统处于急停状态。

当系统某轴出现超程报警时，首先将机床操作置于 JOG 方式，再按下机床超程释放开关，然后按下该轴反方向点动按键，使轴反方向退出超程限位开关，限位开关恢复常闭状态，最后按下系统复位键（RESET）使系统复位，即可解除机床超程报警。

二、软限位报警及处理

1．软限位

轴在运动过程中，系统不断检测存储行程极限值，当轴运动超过了系统参数设定的存储行程极限值时，即产生软限位报警（又称软件超程报警）。FANUC 0i 系统中，参数 PRM1320 设定的是各轴正向存储行程极限值，PRM1321 设定的是各轴负向存储行程极限值，如图 9-20 所示。

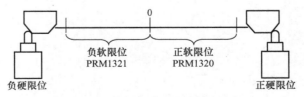

图 9-20　系统存储行程极限值设定

系统存储行程极限值的设定不能超过机床硬限位的保护范围，否则软限位功能不起作用。当 PRM1320 设定为 99999999 时，则正向软件超程保护无效；当 PRM1321 设定为 –99999999 时，则负向软件超程保护无效。

　　2. 软限位报警处理

　　软限位报警处理有如下方法：

　　1）若轴软超程报警时系统不死机，轴手动反向脱离限位区域，并按下系统复位 RESET 键，可以解除软限位报警。

　　2）若软超程报警时系统死机，①将 PRM1320 设定为 99999999，PRM1321 设定为 –99999999，使软件超程保护无效，系统断电再上电；②机床进行返回参考点的操作；③重新设定 PRM1320 和 PRM1321 值。若机床还出现软限位超程报警或系统死机，则需要把系统参数全部清除，重新恢复系统参数。

　　3）如果在回参考点之前设定 PRM1320 和 PRM1321，则首次开机回参考点时会产生超程报警。在 MDI 键盘上同时单击 P 键和 CAN 键，并系统上电，使系统开机首次回参考点不进行存储行程极限值的检测，超程报警可解除。机床回参考点后，系统存储行程极限值检测才有效。

项目二　伺服系统性能调整

任务 1　伺服系统控制参数

一、伺服系统组成环节

闭环和半闭环伺服系统均由位置环、速度环和电流环组成，如图 9-21 所示。

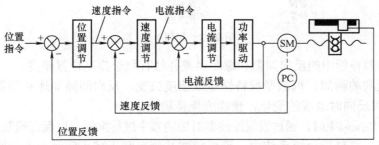

图 9-21　伺服系统组成

　　电流环包含在伺服放大器内，外部无连接电缆；位置环和速度环通过外部接线就能表现出来，如系统轴卡与伺服放大器连接的伺服串行总线（光纤）、伺服电动机内装编码器与伺服放大器之间的连接电缆等。

二、伺服参数

1. 基本伺服参数

伺服参数是轴稳定、快速和准确运行的保证，FANUC 0i 系统基本伺服参数可在伺服调整画面中观察到，如图 9-22 所示。

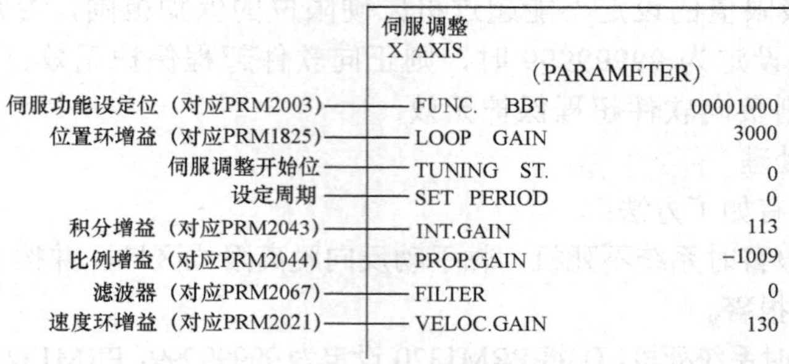

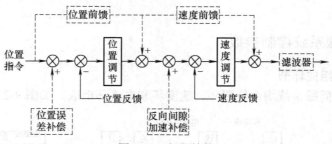

伺服调整
X AXIS
(PARAMETER)
伺服功能设定位（对应PRM2003）
FUNC. BBT
00001000
位置环增益（对应PRM1825）
LOOP GAIN
3000
伺服调整开始位
TUNING ST.
0
设定周期
SET PERIOD
0
积分增益（对应PRM2043）
INT.GAIN
113
比例增益（对应PRM2044）
PROP.GAIN
−1009
滤波器（对应PRM2067）
FILTER
0
速度环增益（对应PRM2021）
VELOC.GAIN
130

图 9-22 伺服调整画面中的伺服参数

其中，位置环增益（对应 PRM1825），速度环增益（对应 PRM2021）是伺服系统的两个重要参数，对伺服系统性能有很大影响。以位置环增益为例，该参数设定值大，则伺服系统的响应快，位置跟随误差小，但容易引起伺服系统振荡，影响稳定性。

为了使伺服系统在高增益条件下也能够稳定运行，FANUC 数控系统采用高响应矢量控制（HRV），通过改进电流环特性，改善了伺服系统的性能，实现了高速、高精度加工。

2. 伺服补偿

伺服系统在位置环、速度环和电流环组成的基础上，通过设置补偿环节，进一步提高伺服性能，如图 9-23 中虚线所示部分。

位置前馈
速度前馈
位置指令
位置调节
速度调节
滤波器
位置反馈
速度反馈
位置误差补偿
反向间隙加速补偿

图 9-23 伺服补偿

1）位置误差补偿中的反向间隙和螺距误差补偿有利于提高位置精度。

2）轴在反向的瞬间，机械摩擦特性造成速度突变，反向间隙加速补偿能克服摩擦的影响，改善轴瞬间反向时速度的变化，使速度保持稳定。

3）若轴有共振频率时，通过设置滤波器对振动频率进行抑制，以保证伺服系统的稳定性。

4）在高速、高精度伺服系统中，设置前馈补偿有利于减小跟随误差的影响，提高轮廓加工精度。

其他还有机械速度反馈补偿、双位置反馈、N 脉冲抑制功能、反冲加速功能及超程补偿功能等，以满足不同条件下的伺服性能。

任务 2 位置误差及其报警和诊断

一、跟随误差

1. 跟随误差的产生

伺服系统位置负反馈的特性决定了位置控制有跟随误差，即轴在运动过程中实际位置总是滞后于指令位置，两者之间的差值即为跟随误差，如图 9-24 所示。

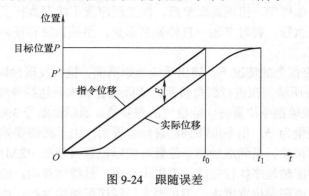

图 9-24　跟随误差

指令位移随着时间的变化越来越接近目标位置，而实际位移跟随指令位移变化，两者之间的跟随误差 E 为

$$E = \frac{\text{进给速度}}{\text{位置增益}}$$

在 t_0 时刻，指令位移已到达目标位置 P，此时指令速度为零，由于跟随误差的存在，实际位置在 P'，轴实际上还在运动，在以后的延时时间内，轴不断地消除跟随误差，在 t_1 时刻，轴到达目标位置。

FANUC 0i 系统中，与位置误差有关的系统参数有：

PRM1825：位置增益。

PRM1826：各轴到位宽度。

PRM1828：各轴移动位置误差允许值。

PRM1829：各轴停止位置误差允许值。

FANUC 0i 系统中，位置监控的方法如下：

1）轴在运动过程中，数控系统对位置误差进行监控，在系统诊断画面中通过诊断号 300 显示的数值进行观察，或者在伺服调整画面的监视栏目中观察"POS ERROR"（位置误差）显示的数值。

2）在系统诊断画面中，诊断号 003 显示 0 时，表示轴到位完成；显示 1 时，表示到位未完成。

2．跟随误差的影响

图 9-25 所示为跟随误差对零件拐角加工的影响。

编程轮廓在 A 处为直角，刀具沿 X 轴加工轮廓 l_1，当 X 轴位置指令到达目标位置 A 处时，X 轴速度指令为零，系统认为轮廓 l_1 已加工完成，开始执行轮廓 l_2 的加工。此时，由于 X 轴跟随误差的存在，刀具实际位置在 A' 处。此时，一方面，刀具已开始 Y 轴运动，另一方面，X 轴要消除跟随误差继续运动，这样，X 轴和 Y 轴联动，在拐角处产生过切（图中虚线所示）。为避免这种现象，数控系统有跟随误差监控功能，只有当跟随误差小于允许值（到位宽度）时，才能进行下一步的动作。

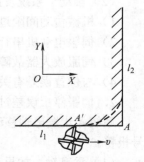

图 9-25　跟随误差对零件拐角加工的影响

例 9-10　某配置 FANUC 0iC 系统的数控机床在自动加工过程中，Z 轴在移动后经常出现停顿现象（俗称"偷停"）。出现此现象后，加工程序就不往下执行了，有时等待十几秒后加工程序又重新往下执行；有时 Z 轴一直停顿在那里，系统也没有任何报警信息。

故障分析及诊断：

1）在无任何报警信息的情况下，调出系统诊断画面，检查发现诊断号 003 诊断信息为 1（正常情况为 0），说明轴正在进行到位检测，实际位置尚未到达指令位置。

2）为了查看伺服轴指令位置与实际位置的偏差量，调用诊断号 300，发现 Z 轴的指令位置与实际位置的偏差量为 5。指令位移到达目标位置后，由于跟随误差的存在，轴实际上还在移动，以消除跟随误差。当伺服轴指令位置与实际位置误差在 PRM1826 所设定的到位宽度内，系统就认为伺服轴程序执行完成，否则未完成，轴继续移动。经过延时，跟随误差逐渐减小，其数值有可能在到位宽度内，满足要求，程序可继续执行；也有可能误差一直到不了到位宽度内，加工程序就不能往下继续执行。

3）检查参数 PRM1826 设定值，发现 Z 轴的到位宽度设定值是 4。由于 Z 轴实际误差大于 PRM1826 设定的到位宽度允许值，于是出现了此故障现象。

故障排除：

因为，跟随误差=进给速度/伺服增益（PRM1825），所以，①增加 PRM1826 设定值，以增加到位宽度的允许值；②减少进给速度，以减小跟随误差；③增加位置增益 PRM1825 设定值，以减小跟随误差。

在保证伺服系统稳定的前提下，适当增加 PRM1825 设定值。调整后，Z 轴实际位置偏差量减小为 1，小于 PRM1826 的设定值，故障排除。

二、位置误差报警及诊断

1．伺服移动误差过大报警

轴在移动过程中，位置误差超过 PRM1828 设定的允许值时，产生 411 号报警。

（1）轴不动　系统发出移动指令而轴没有移动，造成位置误差超差。可能的原因如下：

1）机械传动链阻塞。

2）如果发生在垂直轴上，则伺服电动机电磁制动器及其控制电路故障。

3）伺服电动机本身故障或动力线缺相。

4）伺服放大器故障。

（2）轴动　系统发出移动指令，轴在移动过程中产生位置误差超差，可能的因素如下：

1）机械传动间隙过大或导轨润滑不良。

2）伺服电动机串行编码器故障或分离型编码器故障。

3）伺服放大器故障。

4）与位置误差有关的系统参数设定不当。

2．伺服停止误差过大报警

系统停止发出轴移动指令或轴静止时，位置误差超过 PRM1829 设定的允许值，产生 410 号报警。

（1）垂直轴　如果是垂直轴，故障可能的原因如下：

1）伺服电动机本身故障或动力线缺相。

2）伺服放大器故障。

3）系统轴卡不良。

4）机械平衡系统不良。

（2）非垂直轴　如果不是垂直轴，故障可能的原因如下：

1）与位置误差有关的系统参数设定不当。

2）伺服放大器故障。

3）系统轴卡不良。

例 9-11　某配置 FANUC 0i 数控系统的数控车床，在出现 411 号报警后停止运行。关机再开机，X 轴移动时机械振颤后又出现 410 号报警。该车床为斜床身，为防止刀架下滑，X 轴伺服电动机配置有电磁制动器。

故障分析及诊断：

根据报警号和故障现象，检查①X 轴伺服放大器；②X 轴伺服电动机；③X 轴滚珠丝杠及导轨机械是否阻塞及润滑；④X 轴伺服电动机电磁制动器。

经检查，上述①、②和③项均正常。在检查④项时，电磁制动器线圈电阻值正常，线圈电压+24V 正常，但两根电缆中的一根断路。

电磁制动器的控制逻辑是，制动线圈失电，制动器抱紧；线圈得电，制动器松开。因为制动线圈电源断路，使线圈处于失电状态，所以制动器始终处于抱紧状态。当 X 轴发出移动指令后，因为 X 轴抱紧不能移动，造成位置误差增大，最终引起 411 号报警，同时，X 轴产生机械振颤现象。

故障排除：

更换电磁制动器连接电缆，故障排除。

拓展阅读　　　**伺 服 优 化**

伺服优化就是通过对系统伺服参数和机械传动的调整，使伺服系统的机电匹配达到最佳状态，以获得最优的稳态性能和动态性能。机电不匹配通常会引起伺服轴振荡、零件轮廓拐角加工时过切以及表面粗糙度不良等问题。在高速、高精度数控机床中，伺服优化显得尤其重要。伺服系统由位置环、速度环和电流环组成，其调整的原则是：电流环的反应速度要最快，速度环的反应速度必须高于位置环。如果不遵守此原则，将造成伺服系统振荡。因为电流环内置在伺服放大器中，且已设计成良好的响应特性，所以，电流环一般不需要调整，用户只需要调整位置环和速度环的伺服参数，调整顺序为先调整速度环参数，使速度环稳定，再调整位置环参数，使位置环稳定。伺服优化的手段有工件试切削、系统波形诊断和伺服调整软件等方法。

1. 通过试切削评价伺服性能

零件试切削是一种传统的伺服调整方法，通过对试件切削精度的检测，作出对机床精度及伺服系统的评价，也为机床精度和伺服调整提供依据。以数控铣床为例，试切削图 9-26 所示的零件，通过三坐标测量机测量的结果，获得对机床伺服性能的评价，并进行相应的伺服调整。

1）直线铣削精度。使 X 轴和 Y 轴分别单独进给，铣削试件正四边形周边，检验正四边形各边的直线度、对边的平行度，以及邻边垂直度。该精度主要检验 X 轴和 Y 轴导轨运动几何精度。

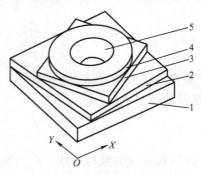

图 9-26　数控铣床试切削零件

1—X、Y 单轴直线插补　2—X、Y 轴联动插补　3—斜四边形轮廓　4—圆周外轮廓　5—圆周内轮廓

2）斜线铣削精度。X 轴和 Y 轴联动进给，铣削斜面和斜四边形周边。该精度主要检验机床 X 和 Y 轴直线联动时的运动品质。当两轴伺服特性不一致时，会使各边的直线度、对边平行度及邻边垂直度等超差。有时虽然几何精度不超差，但在加工表面上出现有规律的条纹，这种条纹在两直角边上呈现一边密一边疏的状态，这是由于两轴联动时，其中某一轴进给速度不均匀造成的。

3）最能体现伺服性能的是圆轮廓的铣削，圆轮廓铣削后可能出现的圆度误差如图 9-27 所示。

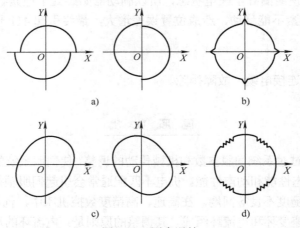

图 9-27　圆度误差

a）两半圆错开　b）过象限毛刺　c）斜椭圆　d）锯齿形条纹

图 9-27a 中，两半圆错开（上下半圆错开，或左右半圆错开）是由于机械反向间隙造成的；图 9-27b 中，在过象限处，由于联动轴中某一轴瞬间反向引起摩擦力急剧增加，伺服系统来不及响应这一变化而造成速度瞬间变化，从而在圆弧过象限处产生毛刺；图 9-27c 中，出现斜椭圆，主要是由于两轴位置增益不一致改造造成的，尽管在系统中两轴增益参数设置成一样，但由于机械结构、负载情况不同，也会造成实际系统增益的差异；图 9-27d 中，圆周上出现锯齿形条纹，是由于两轴联动时其中一轴进给速度不均匀造成的。很多情况下，圆度误差是综合性的，既有过象限毛刺、两半圆错开、斜椭圆，又有锯齿形条纹。

2. 球杆仪测量

球杆仪是一种高精度的位移传感器，测量精度可达到 0.1μm，可以取代传统的试件切削

检测，不仅能快速检测机床精度，还能通过测量获得的数据对伺服系统性能作出评价。图 9-28
所示为球杆仪测量示意图。

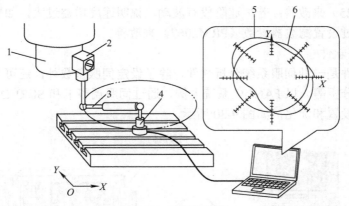

图 9-28　球杆仪检测

1—主轴　2—磁性支座 A　3—球杆仪测杆　4—磁性支座 B　5—测试圆轨迹　6—理想圆轨迹

　　球杆仪测杆 3 一端通过球关节与磁性支座 2 连接，磁性支座 2 吸合在主轴 1 上；另一端通
过球关节与磁性支座件 4 连接，磁性支座 4 吸合在工作台上。通过运行整圆测试程序，使主轴
相对于工作台作圆周运动，由于 X、Y 两轴联动存在误差，圆周运动过程中测杆有微小的伸缩
位移变化，球杆仪将位移变化转换成电信号，通过数据线传输给计算机，计算机通过测量软件
获得实际圆弧轨迹，从而对机床伺服性能作出评价，并为伺服调整提供依据。

　　3．伺服波形诊断

　　以 FANUC 0iC/D 系统为例，数控系统通过对伺服轴位置、速度及电流的检测，经系统
软件分析，在系统显示器上显示位置指令、位置偏差、实际速度、电流指令及实际电流等数
据的波形曲线，从而对轴当前的伺服性能进行评价并作相应的调整。此时，系统显示器相当
于示波器功能。在 FANUC 0iC/D 系统中，单击 MDI 面板上 SYSTEM 键→单击[▷]扩展键→
单击[W.诊断]软键，进入波形诊断画面，设定要诊断的轴，以及诊断数据等参数，执行后即
显示诊断数据的波形。图 9-29 所示为某机床 X 轴的速度波形诊断。

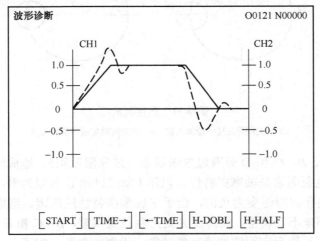

图 9-29　速度波形诊断

调整前加速阶段指令速度有波动，是因为速度环反应较慢，速度指令不能及时跟上位置环的调节，所以无法达到平滑的加速或减速，通过增加速度环增益（PRM2021）或减小位置环增益（PRM1825）来改善；若恒速阶段有波动，说明速度增益过大，如果速度增益减小后还有波动，可通过设置滤波器参数（PRM2067）来改善。

4．伺服调整软件

伺服调整软件是一种伺服系统分析软件，除了设定伺服参数外，还可以进行波形诊断、圆度测试及频率分析等。以 FANUC 系统为例，通过伺服调整卡和 SERVO GUIDE 软件对伺服系统进行参数设置和优化，如图 9-30 所示。

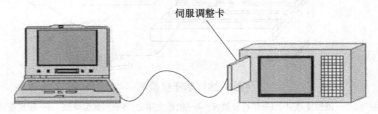

图 9-30 伺服调整配置

将伺服调整卡插入系统 PCMCIA 槽，通过网线与计算机连接，计算机中安装 SERVO GUIDE 软件。

（1）圆度测试 运行圆测试程序：

G00 X0 Y0 ；

G02 I50 J0 F2000；

M99；

机床运行，数控系统通过检测 X 轴和 Y 轴位置实际值，经伺服调整软件处理后在计算机上显示圆轨迹，如图 9-31 所示。

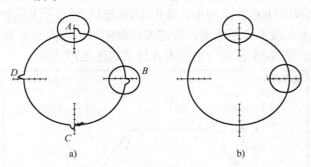

图 9-31 圆度测试

a）反向间隙加速补偿加入前 b）反向间隙加速补偿加入后

图 9-31a 中，A、B、C 和 D 处有过象限误差（过象限毛刺），造成这一现象的原因除了传动刚度低以外，主要因素是轴摩擦特性。以第 I 象限过第 II 象限为例，逆时针走圆时，在过象限 A 处，Y 轴由正向瞬时变为负向，由于 Y 轴摩擦特性的原因，造成 Y 轴伺服电动机速度瞬时降低，速度环来不及调整，最终在 A 处产生位置误差，B、C 和 D 处存在同样的问题。为克服这一现象，可设置反向间隙加速补偿功能，设置的参数有如下 3 个。

PRM2003#5=1：反向间隙加速功能有效。

PRM2048：反向间隙加速补偿量。

PRM2071：反向间隙加速时间。

通过对 PRM2048 和 PRM2071 的调整及圆度测试，可以获得理想的结果。图 9-31b 所示为反向间隙加速补偿设定后的圆度测试轨迹。

（2）频率特性分析 频率特性分析是研究伺服系统性能的有效手段。就一个具体的系统而言，输入某一频率的正弦信号，输出响应仍是同频率的正弦信号，但输出与输入的幅值和相位不同，如图 9-32 所示。

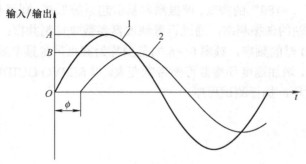

图 9-32 系统正弦输入和输出信号

1—输入信号 2—输出信号

输入信号 $x_i(t)$ 为正弦信号，频率 ω（$\omega=2\pi f$），幅值为 A；输出信号 $x_o(t)$ 也为正弦信号，频率仍为 ω，幅值为 B，相位为 φ。其中幅值比（单位为 dB）的计算公式如下

$$幅值比=20\times\lg\frac{输出幅值}{输入幅值}(dB)$$

例如，输入正弦波信号，频率 10Hz，幅值 $A=1$，经控制系统后，输出信号也为正弦波，频率仍为 10Hz，幅值 $B=0.7$，相位 $\varphi=-45°$。则，幅值比=20×lg（0.7/1）dB=−3.1dB，相位差为−45°。

如果输入不同频率的正弦波信号，就会得到相应的正弦波输出信号，其幅值比和相位差随频率变化，这一特性称为系统的频率特性。将幅值比和相位差随频率变化的规律放在一张图中描述，即为 Bode 图，如图 9-33 所示。

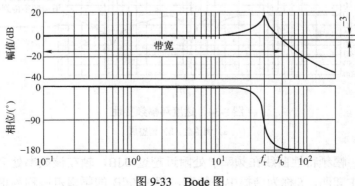

图 9-33 Bode 图

　　Bode 图中，横坐标表示了频率范围，纵坐标的幅值表示了在不同频率下输出和输入的幅值比，幅值比随频率变化，称为幅频特性；纵坐标的相位表示了在不同频率下输出与输入的相位差，相位差随频率变化，称为相频特性。Bode 图是频率特性分析常用的工具，在数控机床伺服优化中也很常用。

　　对机床一个伺服轴而言，总是希望输出与输入比值为 1，即实际值等于设定值，如速度环的实际速度和指令速度、位置环的实际位置和指令位置等，并且相位差为 0，即没有超前或滞后。通常在调试时，希望 Bode 图中的幅频曲线在 0dB 处保持尽可能宽的范围；谐振频率 f_r 是幅频特性超过 0dB 时的频率，在一定程度上反映了系统的瞬态响应速度，谐振频率处的相频特性会产生 0°～180° 的突变；谐振频率易引起系统振荡，利用频率特性分析的原理，可测量出机床各伺服轴的谐振频率，通过设置滤波器参数来抑制共振；截止频率 f_b 是幅频特性由 0dB 下降到 -3dB 时的频率，频率 0～f_b 的范围称为截止带宽频率或带宽，带宽越大，系统响应的快速性越好，增加速度环增益可使带宽变大。以 SERVO GUIDE 伺服调整软件为例，优化某机床 X 轴速度环。执行测试程序：

G91 G94；
G01 X10 F1200；
G04 X0.1；
G01 X-10 F1200；
M99；

　　机床 X 轴运行，数控系统通过检测实际速度、电流等数据，经伺服调整软件处理后，在计算机上显示幅频特性曲线，如图 9-34a 所示。

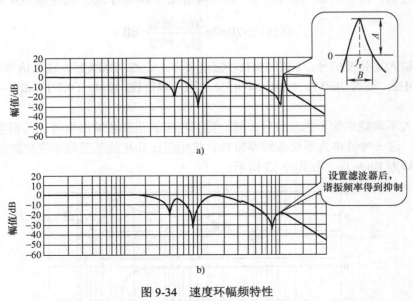

图 9-34　速度环幅频特性
a）调整前　b）调整后

　　图 9-34a 中，幅频特性曲线在频率 f_r 处附近超过 0dB，轴在该频率处会产生振荡，表现为伺服电动机产生啸叫。f_r 称为谐振中心频率，超过 0dB 的频率范围称为谐振频率宽度（图

9-34a 中 *B*），超过 0dB 的幅度称为谐振峰值（图 9-34a 中 *A*）。通过滤波器设定参数（中心频率、频率宽度及峰值）可衰减谐振频率，以消除振荡，并在此基础上可继续提高速度环增益，提高速度环快速响应性，图 9-34b 所示为调整后的幅频特性曲线。

思考题与习题

1．数控机床位置和速度检测的目的是什么？

2．半闭环伺服系统中，伺服电动机内装编码器的作用如何？闭环伺服系统中，伺服电动机内装编码器和光栅尺的作用如何？

3．数控机床伺服系统由闭环转换为半闭环在故障诊断时有何意义？

4．某数控机床采用光栅尺作位置检测，加工过程中有时产生位置反馈断线报警，如何进行故障诊断与排除？

5．某 FANUC 0iC 数控系统的加工中心，机床开机系统就出现 300 号报警，如何排除？

6．某数控铣床 *X* 轴采用光栅尺实现伺服闭环控制，*X* 轴回零时在参考点 300mm 处出现 382 报警。分析故障原因、具体诊断和处理方法（382 报警是分离型检测器发生脉冲错误报警）。

7．FANUC 0iC 数控系统增量式回参考点时产生如下现象：

1）回参考点时，轴碰到减速开关有减速，但轴仍撞到限位开关，机床急停。分析故障原因及排除方法。

2）回参考点后，参考点产生了偏移，怎样使参考点位置保持在出厂设定值？

8．某采用 FANUC 0iC 数控系统的数控车床，*X* 轴采用半闭环伺服系统，已知 *X* 轴丝杠螺距为 6mm，*X* 轴伺服电动机与丝杠用同步带 1：2 连接；*Z* 轴采用闭环伺服系统，位置检测由安装在 *Z* 轴丝杠端部的独立编码器实现，已知 *Z* 轴丝杠螺距为 8mm，*Z* 轴伺服电动机与丝杠用同步带 1:1 连接，独立编码器每转 2000 脉冲。请分别设定 *X* 轴和 *Z* 轴的进给传动比（*N/M*）、速度脉冲数、位置脉冲数及参考计数器容量参数。

9．某数控铣床加工后的零件经测量后，发现直线轮廓精度在允差范围内，但整圆轮廓精度超差。分析故障产生的原因及调整方法。

10．数控机床伺服系统位置环和速度环有哪些重要参数？位置增益对伺服系统性能有何影响？

11．跟随误差的本质是什么？与哪些因素有关？

12．一台配置 FANUC 0iC 数控系统的卧式加工中心，开机后系统 *Y* 轴出现 410 号报警，机床无法正常起动。*Y* 轴为垂直轴，由液压系统进行平衡。维修人员作了如下处理：

1）检查 *Y* 轴伺服电动机接线相序是否正确、伺服放大器与电动机动力线电缆插头固定是否良好。请问此举目的是什么？

2）进一步观察故障现象，发现机床开机时无报警，但一旦 *Y* 轴电磁制动器松开后，主轴箱即有较明显的下落，随即系统出现 410 报警。说明故障产生的机理。

3）为了诊断报警是否与液压平衡系统有关，在主轴箱下部用木块进行局部支撑，起动机床，系统无报警。对此得出什么诊断结论？

13．伺服系统补偿的目的是什么？有哪些补偿参数，各自能达到什么效果？

14．FANUC 0iC 数控系统用 SERVO GUIDE 软件进行伺服调整，速度幅频特性如题图 9-1 所示。试问：

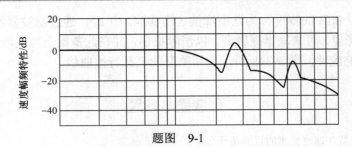

题图 9-1

1）幅频特性曲线 0dB 频率范围的意义是什么？

2）增加速度增益有何意义？会产生什么后果？

3）题图 9-1 中，伺服系统振荡发生在何处？

4）如何消除该处振荡？要设置哪些参数？

参 考 文 献

[1] 吴育祖，秦鹏飞. 数控机床[M]. 3 版. 上海：上海科学技术出版社，2003.

[2] 文怀兴，夏田. 数控机床系统设计[M]. 2 版. 北京：化学工业出版社，2011.

[3] 熊光华. 数控机床[M]. 北京：机械工业出版社，2012.

[4] 严俊. 数控机床安装调试与维护保养技术[M]. 北京：机械工业出版社，2010.

[5] 周世君. 数控机床电气故障与维修实例[M]. 北京：机械工业出版社，2013.

[6] 刘永久. 数控机床故障诊断与维修技术（FANUC 系统）[M]. 2 版. 北京：机械工业出版社，2009.

[7] 王侃夫. 数控机床控制技术与系统[M]. 2 版. 北京：机械工业出版社，2009.

[8] 梁森，王侃夫，黄杭美. 自动检测与转换技术[M]. 2 版. 北京：机械工业出版社，2009.

[9] 叶晖，马俊彪，黄富. 图解 NC 数控系统——FANUC 0i 系统维修技巧[M]. 2 版. 北京：机械工业出版社，2009.

[10] 白斌. FANUC 数控系统故障诊断与典型案例分析[M]. 北京：化学工业出版社，2009.

[11] 陈贤国. 数控机床 PLC 编程[M]. 北京：国防工业出版社，2010.

[12] 陈先锋，何亚飞，朱弘峰. 数控技术应用工程师——SINUMERIK 840D/810D 数控系统功能应用与维修调整教程[M]. 北京：人民邮电出版社，2010.

[13] 宋松，李斌. FANUC 0i 数控系统连接调试与维修诊断[M]. 北京：化学工业出版社，2013.

[14] 郑小年，杨克冲. 数控机床故障诊断与维修[M]. 2 版. 武汉：华中科技大学出版社，2013.

[15] 孙慧平，陈子珍，翟志永. 数控机床装配、调试与故障诊断[M]. 北京：机械工业出版社，2011.

[16] 李金伴. 数控机床故障诊断与维修实用手册[M]. 北京：机械工业出版社，2013.

[17] 郭士义. 数控机床故障诊断与维修[M]. 北京：机械工业出版社，2011.

[18] 赵宏立，朱强. 数控机床故障诊断与维修[M]. 北京：人民邮电出版社，2011.

[19] 刘加勇. 数控机床故障诊断与维修[M]. 北京：中国劳动社会保障出版社，2013.

[20] 董晓岚. 数控机床故障诊断与维修（FANUC）[M]. 北京：机械工业出版社，2013.

[21] 周兰，常晓俊. 现代数控加工设备[M]. 北京：机械工业出版社，2013.

[22] 杨叔子，杨克冲. 机械工程控制基础[M]. 6 版. 武汉：华中科技大学出版社，2013.

[23] 董玉红，徐莉萍. 机械控制工程基础[M]. 北京：机械工业出版社，2010.

[24] 林孔元，王萍. 电气工程学概论[M]. 北京：高等教育出版社，2009.

[25] H Grob，J Hamann. 自动化技术中的进给电气传动[M]. 熊其求，译. 北京：机械工业出版社，2002.

[26] 何正嘉，陈进，王太勇，等. 机械故障诊断理论及应用[M]. 北京：高等教育出版社，2010.

[27] 邵泽强，陈庆胜. 数控机床电气线路装调[M]. 北京：机械工业出版社，2012.